高等职业教育教材

工程制图习题集

GONGCHENG ZHITU XITIJI

第三版

王　姣　姜丽萍　主编

化学工业出版社

·北京·

内 容 简 介

本习题集与王姣、姜丽萍主编的《工程制图》（第三版）配套使用，习题的编写顺序与教材相同。

本习题集由两个模块构成，模块一是制图基础模块，包括绘制平面图形、投影法和三视图、组合体及机件表达方法四个单元。模块二是专业制图模块，包括识读与绘制机械图样、识读与绘制建筑工程图样、识读与绘制制冷空调工程图样及识读与绘制化工图样四个单元。

本习题集以识图能力培养为核心，绘图训练为支撑，涵盖作图题、填空题、专业图样的识读与绘制等多种形式，具有典型性、针对性和实用性。习题集内容覆盖面广、题量适中、由浅入深、难易并存，满足工程制图教学的需要，方便师生根据专业的需求进行取舍。

本习题集可作为高等职业院校机械、近机械、建筑、制冷和化工等专业的工程制图课程的配套教材，也可作为继续教育学院等相关专业的教学辅助用书。

图书在版编目（CIP）数据

工程制图习题集 / 王姣，姜丽萍主编. -- 3 版.
北京：化学工业出版社，2025. 7. --（高等职业教育教
材）. -- ISBN 978-7-122-48088-0

Ⅰ. TB23-44

中国国家版本馆 CIP 数据核字第 2025E29C89 号

责任编辑：高　钰
责任校对：赵懿桐　　　　　　　　　　　装帧设计：刘丽华

出版发行：化学工业出版社（北京市东城区青年湖南街 13 号　邮政编码 100011）
印　　装：北京云浩印刷有限责任公司
787mm×1092mm　1/16　印张 7¼　字数 189 千字　2025 年 9 月北京第 3 版第 1 次印刷

购书咨询：010-64518888　　　　　　　　　售后服务：010-64518899
网　　址：http://www.cip.com.cn
凡购买本书，如有缺损质量问题，本社销售中心负责调换。

定　　价：26.00 元　　　　　　　　　　　　　　　　　版权所有　违者必究

前　　言

　　为适应现代工程技术多学科交叉融合的需求，培养学生扎实的制图基础和专业工程图样的应用能力，我们依据工程制图课程教学改革方向，结合行业技术发展动态，编写了本习题集。本习题集与王姣、姜丽萍主编的《工程制图》（第三版）配套使用。

　　本习题集分为两大模块，内容编排注重基础与专业并重、理论与实践结合。

　　模块一：制图基础模块，聚焦工程制图核心理论与基础技能，包含四个单元。

　　绘制平面图形：包含制图国家标准的应用，几何作图方法和尺寸标注。

　　投影法和三视图：包含点、线、面的三视图的绘制，基本形体三视图的绘制。

　　组合体：运用形体分析法，识读与绘制组合体三视图并准确标注。

　　机件的表达方法：灵活运用视图、剖视、断面图、局部放大图和简化画法等知识，综合表达形体。

　　模块二：专业制图模块，针对不同工程领域需求，强化专业图样的识读与绘制技能，包含四个单元。

　　识读与绘制机械图样：涵盖标准件与常用件的画法，零件图、装配图的识读与绘制。

　　识读与绘制建筑工程图样：绘制建筑平面图、立面图及剖面图。

　　识读与绘制制冷空调工程图样：绘制管路图，抄画制冷机房系统图和设备基础及管道平面图。

　　识读与绘制化工图样：识读工艺流程图，查阅化工设备标准，识读化工设备图、设备布置图和管路布置图，绘制化工管路图。

　　本习题集采用分层递进模式，从基础绘图技能到复杂专业图样，循序渐进提升学生空间思维与工程表达能力。覆盖多专业领域，涵盖机械、建筑、制冷、化工等典型工程图样。融入实际工程案例，强调国家标准、行业标准的应用，强化工程规范性意识。注重"识读"与"绘制"双向技能培养，既夯实绘图基本功，又提升从图纸中提取技术信息的职业素养。

　　本习题集由王姣、姜丽萍主编。具体编写分工如下：王姣编写模块一中的单元一、单元二和单元三，姜丽萍编写模块一中的单元四、模块二中的单元一和单元四，熊森编写模块二中的单元二，孙铁编写模块二中的单元三，邵娟琴提供部分编写素材。

　　由于编者水平有限，书中难免有错误之处，希望广大读者批评指正。

编　者

目 录

模块一　基础制图模块

工程制图材料比例零件装配轴键销齿轮螺纹中心孔

技术要求标题明细栏序号热处理横平竖直注意起落结构均匀笔画

班　级＿＿＿＿＿＿＿＿　　姓　名＿＿＿＿＿＿＿＿　　学　号＿＿＿＿＿＿＿＿　　**1**

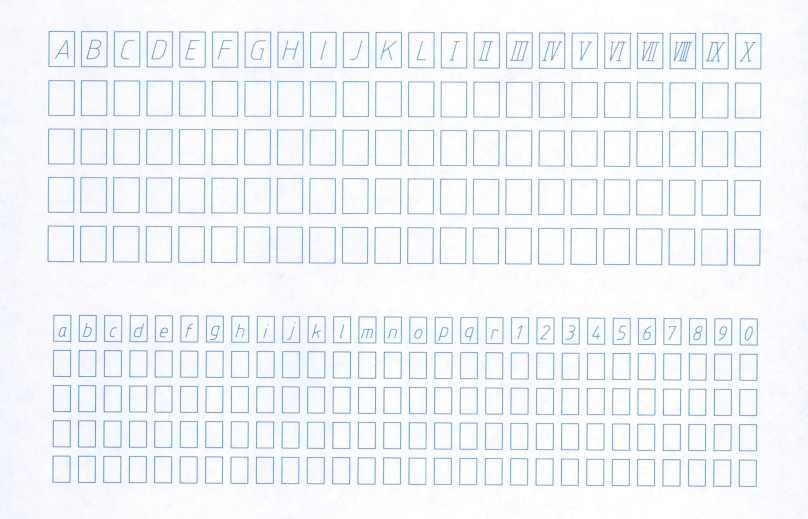

A B C D E F G H I J K L I II III IV V VI VII VIII IX X

a b c d e f g h i j k l m n o p q r 1 2 3 4 5 6 7 8 9 0

班 级＿＿＿＿＿＿＿　　姓 名＿＿＿＿＿＿＿　　学 号＿＿＿＿＿＿＿

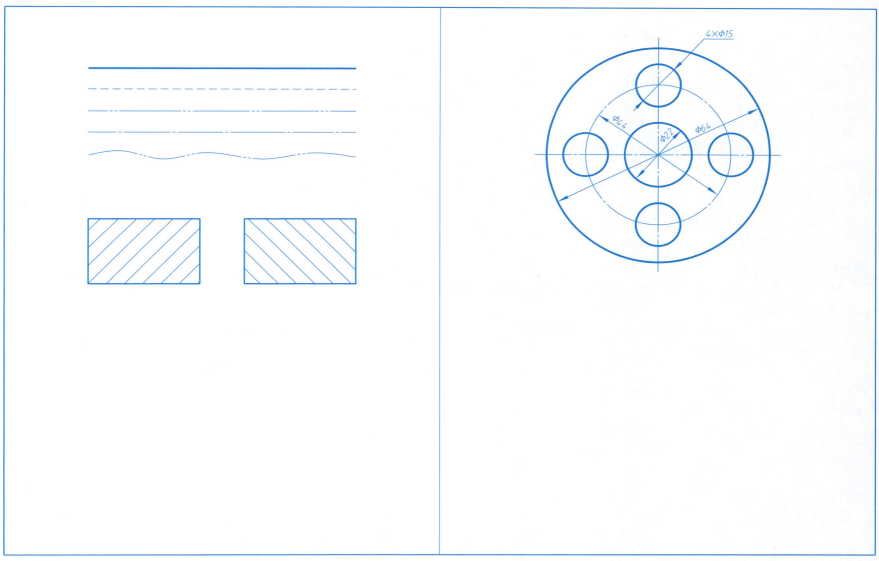

作 业 指 导

一、目的和要求

1. 熟悉和遵守国标中图幅、比例、图线、字体和尺寸标注中的有关规定。

2. 学会正确使用绘图仪器和工具。

3. 要求图形正确，布图恰当。同类图线粗细一致，字体工整、图面整洁。

4. 绘图比例为 1∶1。

5. 自定义图幅大小。

二、绘图步骤

1. 准备工作。认真阅读指导书，明确目的和要求，内容和格式，准备好绘图工具和仪器。

2. 画底稿。按图中所注尺寸用 H 或者 2H 铅笔画底稿，并检查修改，擦去多余图线。

3. 加深图线。用 B 或者 2B 铅笔绘制图线，圆规铅芯要软一级。

4. 填写标题栏。

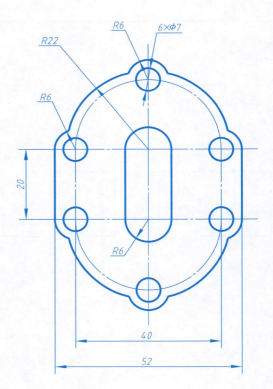

班 级＿＿＿＿＿＿＿＿   姓 名＿＿＿＿＿＿＿＿   学 号＿＿＿＿＿＿＿＿

分析图中尺寸标注的错误，将正确标注填在下面的图中。

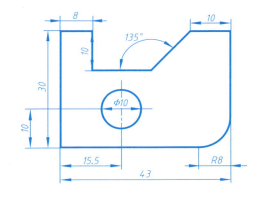

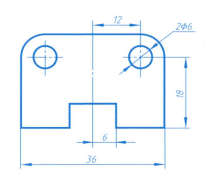

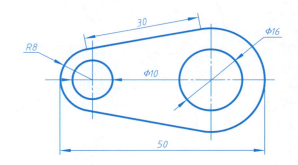

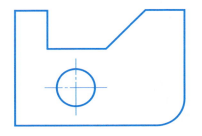

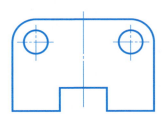

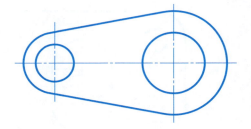

1.

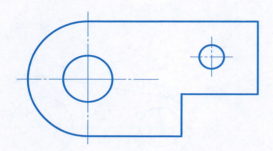

2.

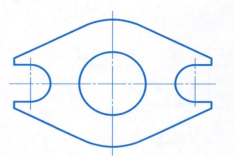

3.

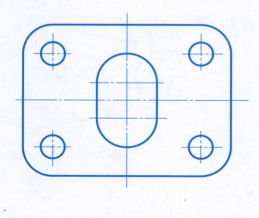

4.

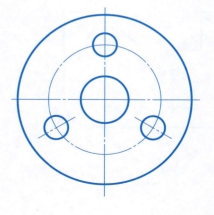

1-1-6　几何作图

1. 将线段 AB 五等分。

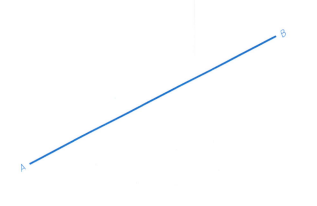

2. 作圆的内接正六边形。

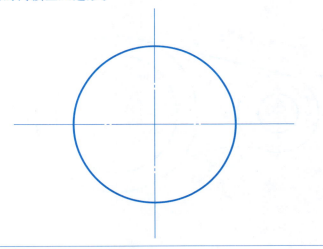

3. 按 1∶1 的比例抄画图形并标注尺寸。

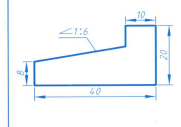

4. 按 1∶1 的比例抄画图形，并标注尺寸。

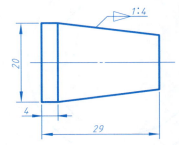

1.

2.

R10

Φ40

R60

Φ20

3×Φ10

3.

4.

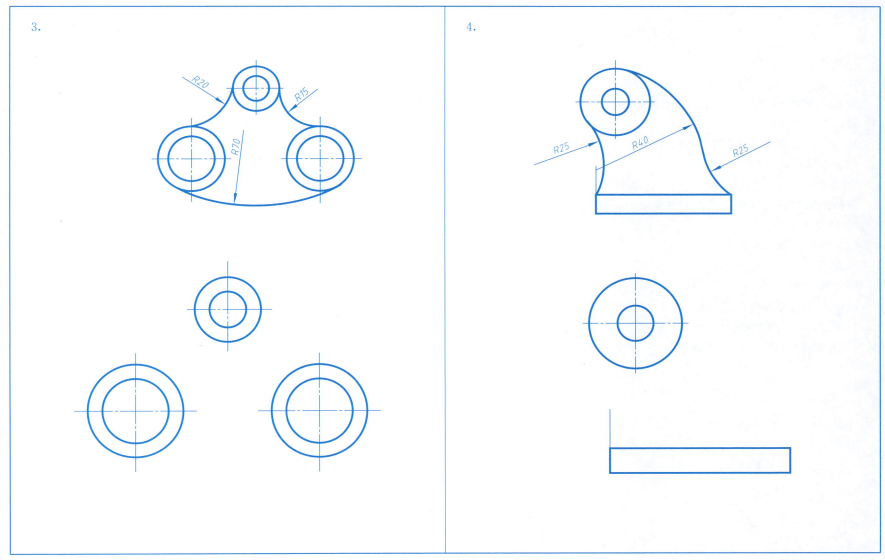

作 业 指 导

一、作业目的

1. 熟悉尺规作图的过程及尺寸标注方法。

2. 掌握线型规格及线段连接技巧。

二、内容和要求

选择合适的图幅和比例，绘制右图并标注尺寸。

三、绘图步骤

1. 分析图形

分析图形中的尺寸作用及线段性质，从而决定作图步骤。

2. 绘制底稿

（1）绘制图框和标题栏；

（2）绘出图形的作图基准线；

（3）按已知线段、中间线段、连接线段的顺序作图；

（4）画出尺寸界线，尺寸线。

3. 检查底图，描深图形。

4. 注写尺寸数字，填写标题栏。

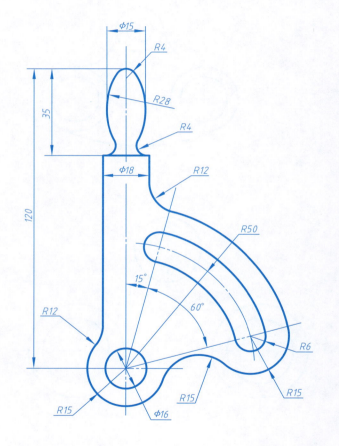

班 级＿＿＿＿＿＿＿＿＿ 姓 名＿＿＿＿＿＿＿＿＿ 学 号＿＿＿＿＿＿＿＿＿

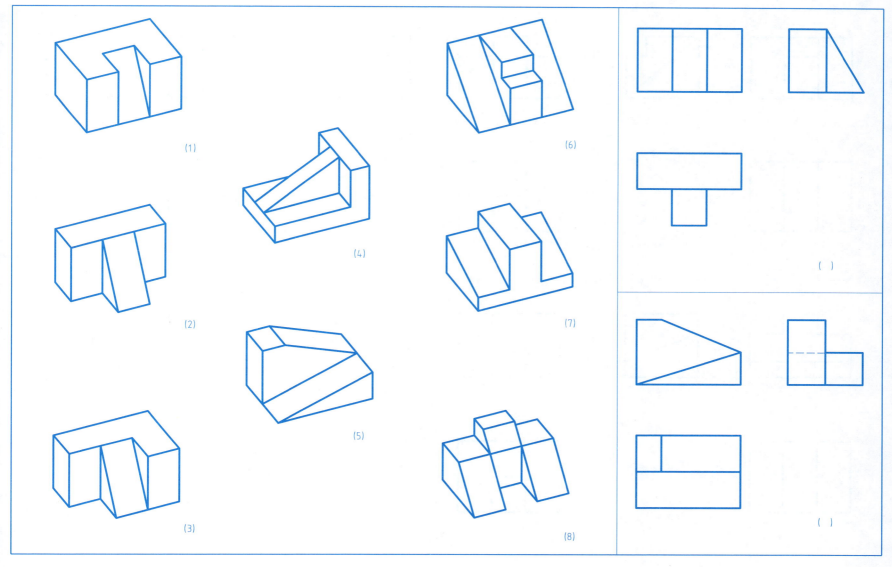

(1)

(2)

(3)

(4)

(5)

(6)

(7)

(8)

(　)

(　)

1-2-1　根据轴测图找出对应的三视图（续）

(　　)

(　　)

(　　)

(　　)

(　　)

(　　)

班　级＿＿＿＿＿＿＿＿　姓　名＿＿＿＿＿＿＿＿　学　号＿＿＿＿＿＿＿＿

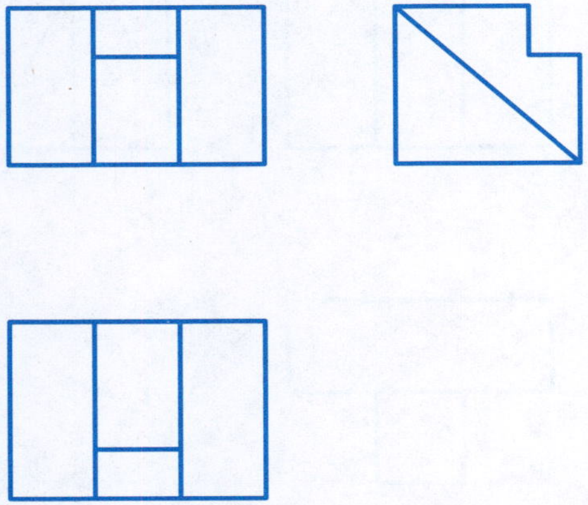

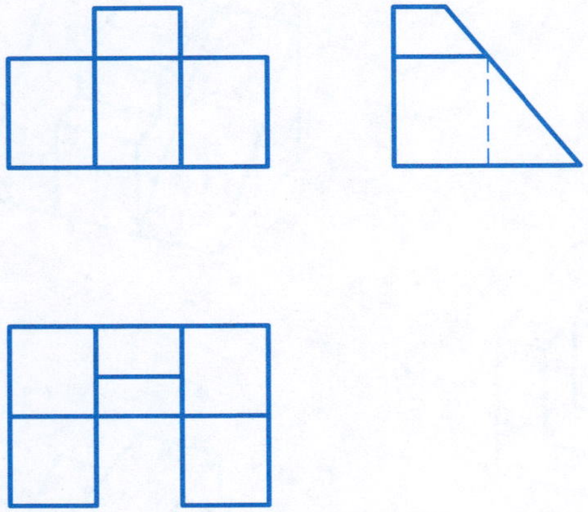

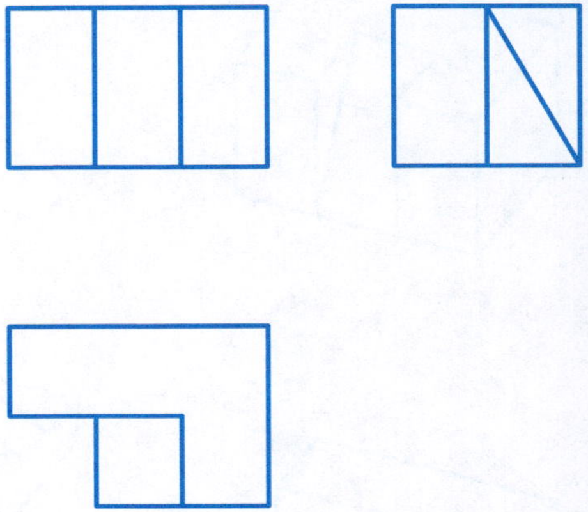

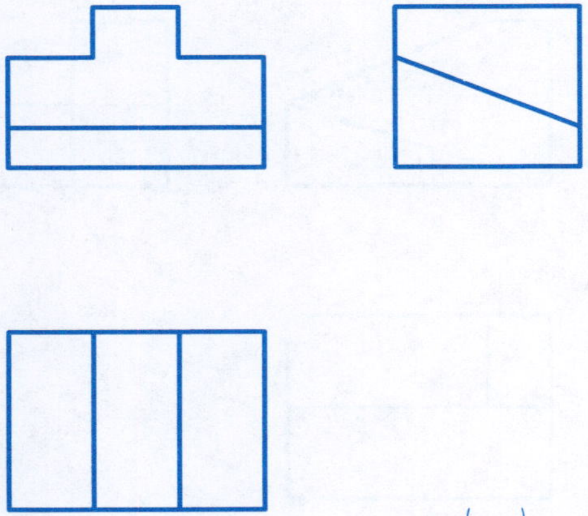

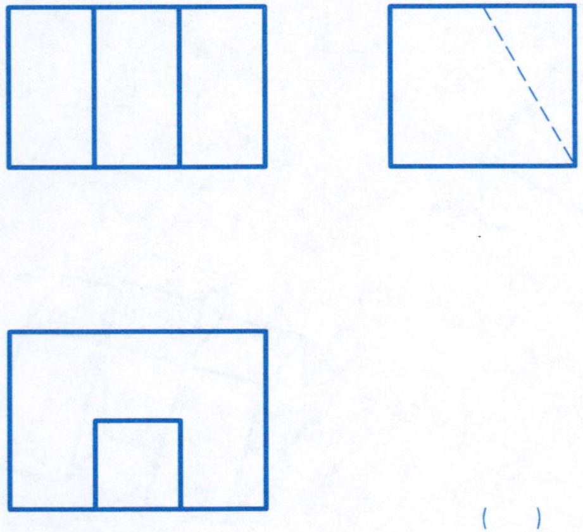

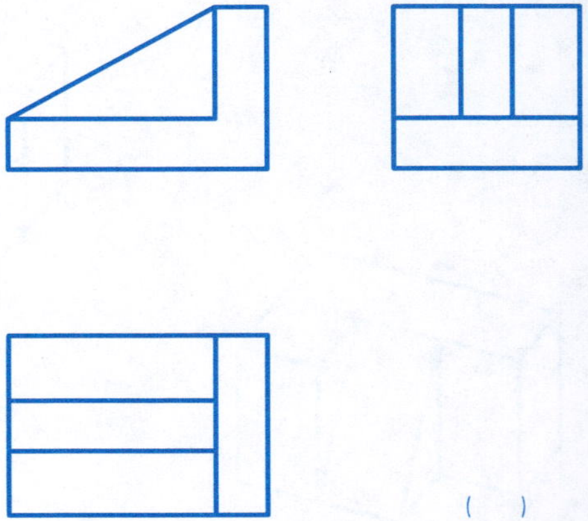

1-2-2　根据轴测图，补画第三视图

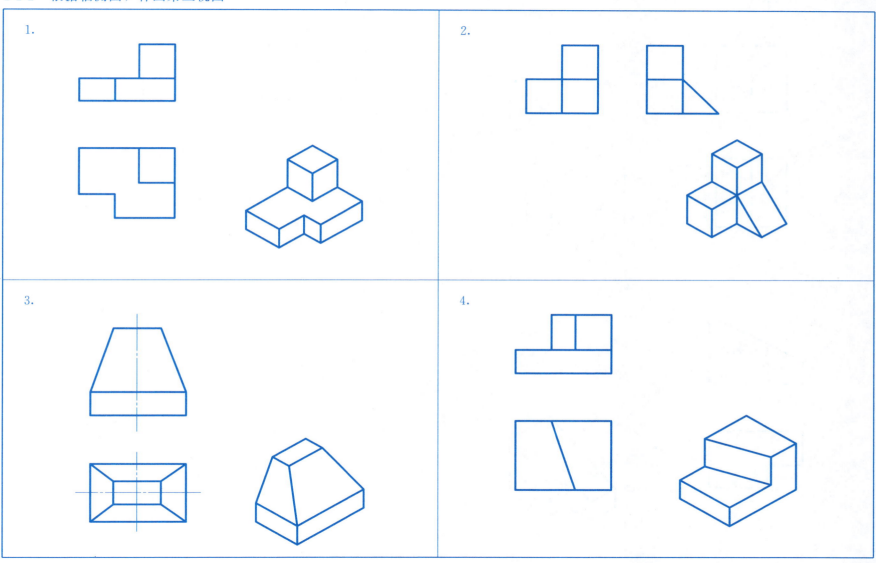

1.

2.

3.

4.

班　级_____　　　姓　名_____　　　学　号_____　　　**13**

5.

6.

7.

8.

班级＿＿＿＿＿＿＿＿   姓名＿＿＿＿＿＿＿＿   学号＿＿＿＿＿＿＿＿

1.

2.

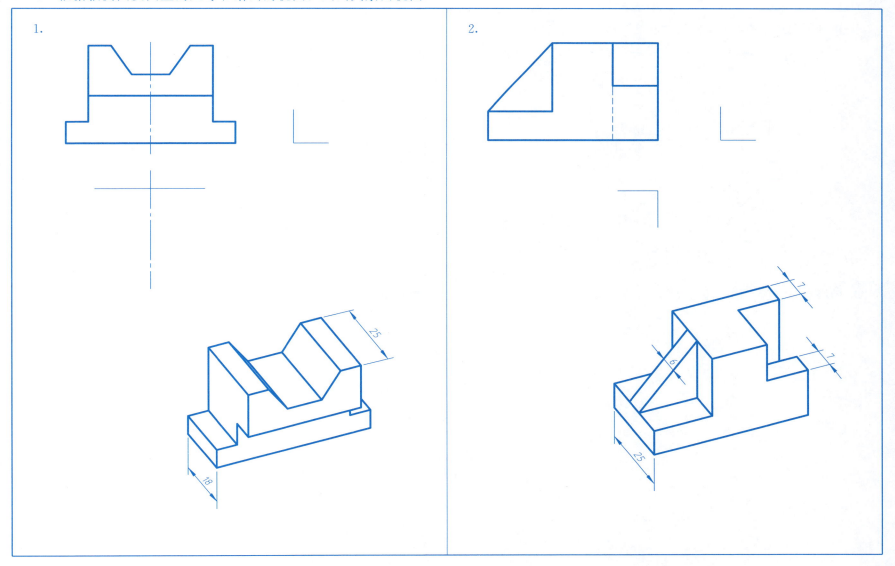

1. 由轴测图量出各点的坐标值（取整数），并填写下表。

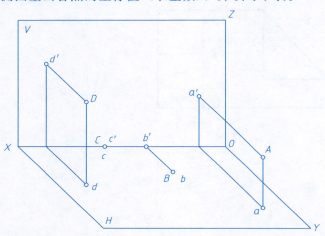

	A	B	C	D
X				
Y				
Z				

2. 画出点 A （30，15，20）、B （16，22，0）、C （0，0，16）的三面投影图和轴测图。

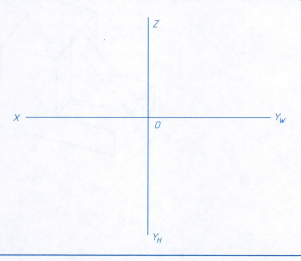

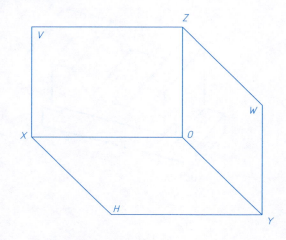

班 级＿＿＿＿＿＿＿＿＿ 姓 名＿＿＿＿＿＿＿＿＿ 学 号＿＿＿＿＿＿＿＿＿

分别在轴测图和投影图上标注 *AB*、*CD* 直线，并填写它们对各投影面的相对位置。

（1）

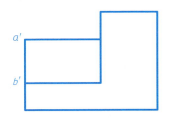 

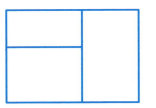

AB：＿＿＿＿ *V*、＿＿＿＿ *H*、＿＿＿＿ *W*

CD：＿＿＿＿ *V*、＿＿＿＿ *H*、＿＿＿＿ *W*

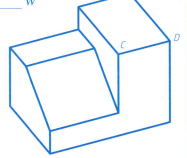

（2）

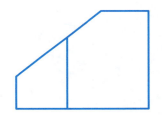 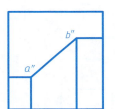

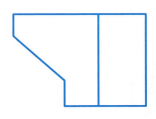

AB：＿＿＿＿ *V*、＿＿＿＿ *H*、＿＿＿＿ *W*

CD：＿＿＿＿ *V*、＿＿＿＿ *H*、＿＿＿＿ *W*

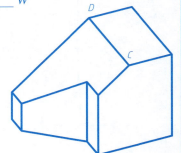

1. 分别在轴测图和投影图上标注 P、Q 平面并回答问题。

(1)

P 为＿＿＿＿＿＿＿面；Q 为＿＿＿＿＿＿面

(2)

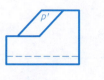

P 为＿＿＿＿＿＿＿面；Q 为＿＿＿＿＿＿面

2. 判断下列平面的空间位置。

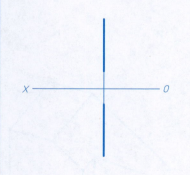
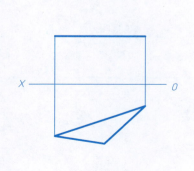
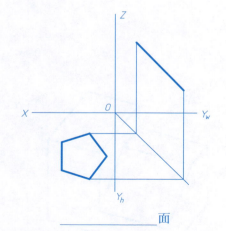
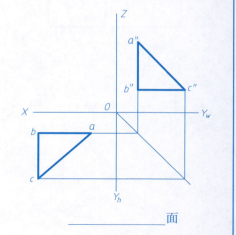

＿＿＿＿＿面　　＿＿＿＿＿面　　＿＿＿＿＿面　　＿＿＿＿＿面

　班　级＿＿＿＿＿＿　姓　名＿＿＿＿＿＿　学　号＿＿＿＿＿＿

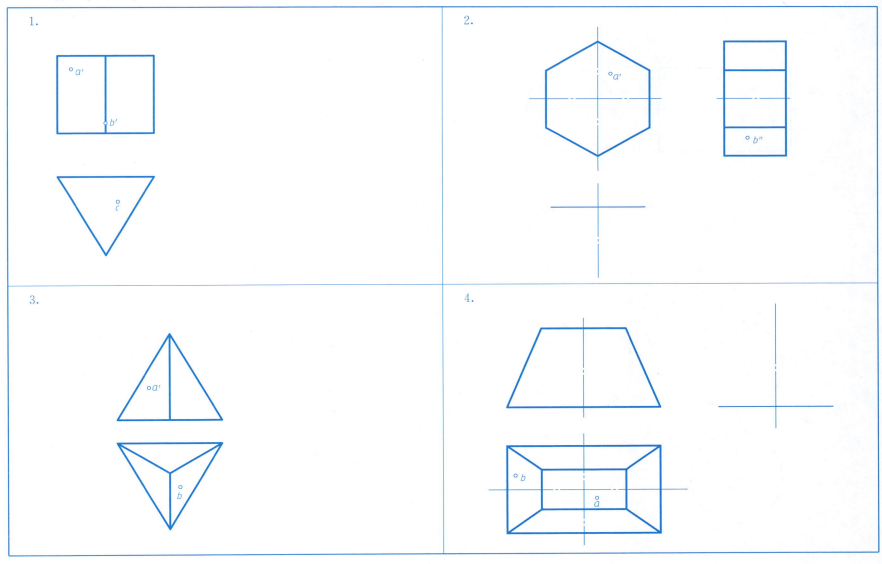

1-2-8　补画曲面立体的第三视图，并求作立体表面上点的另外两面投影

1.

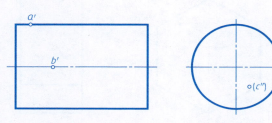

2.

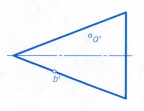

3.

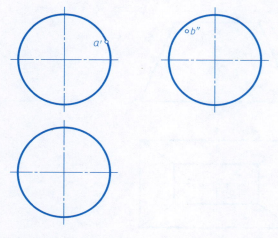

4.

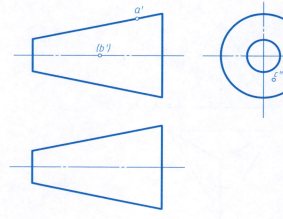

　　班　级_____　　姓　名_____　　学　号_____

1.

2.

3.

1.

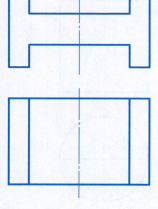

2.

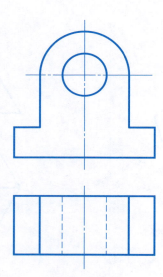

1.

2.

3.

4.

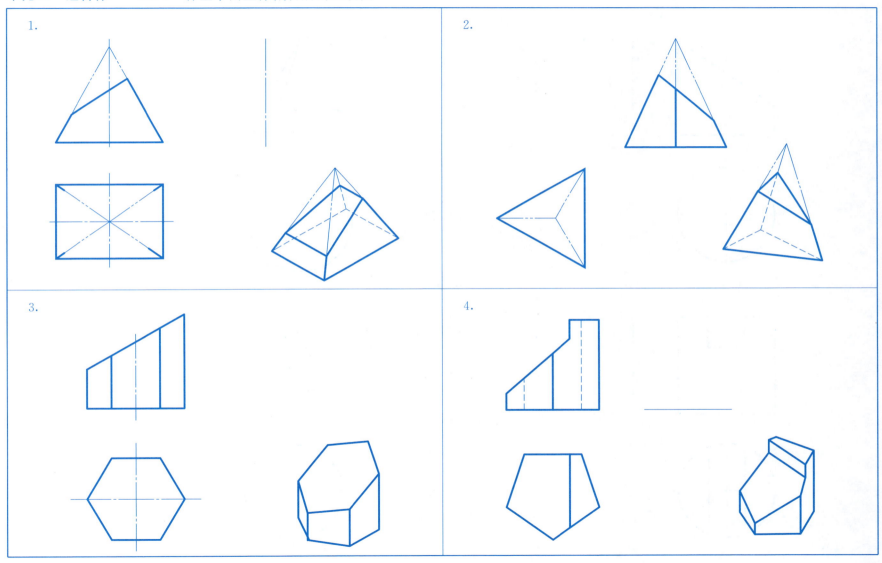

1-3-2 补画回转体截切后的三视图

1.

2.

3.

4.

　班级＿＿＿＿＿＿＿＿　姓名＿＿＿＿＿＿＿＿　学号＿＿＿＿＿＿＿＿

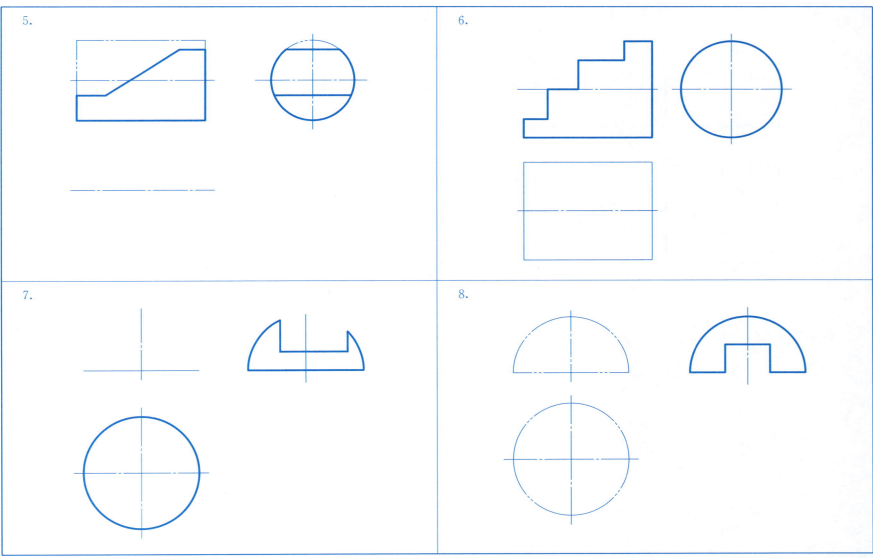

1.

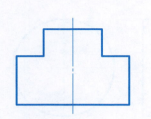
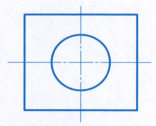

2.

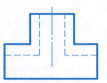

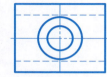

3.

4.

1-3-4 分析组合体表面交线，补画视图中所缺的图线

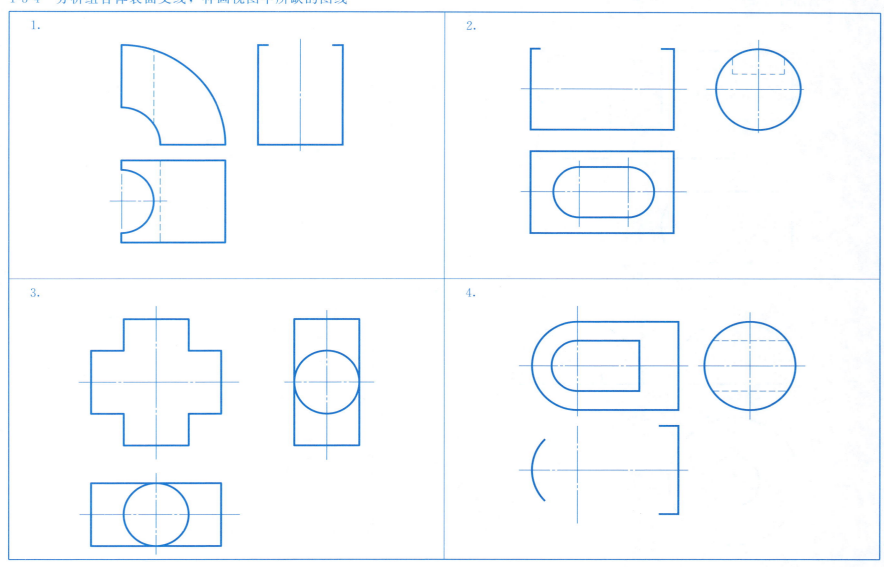

5.

6.

7.

8.

1-3-5　参照轴测图，补画三视图中的漏线

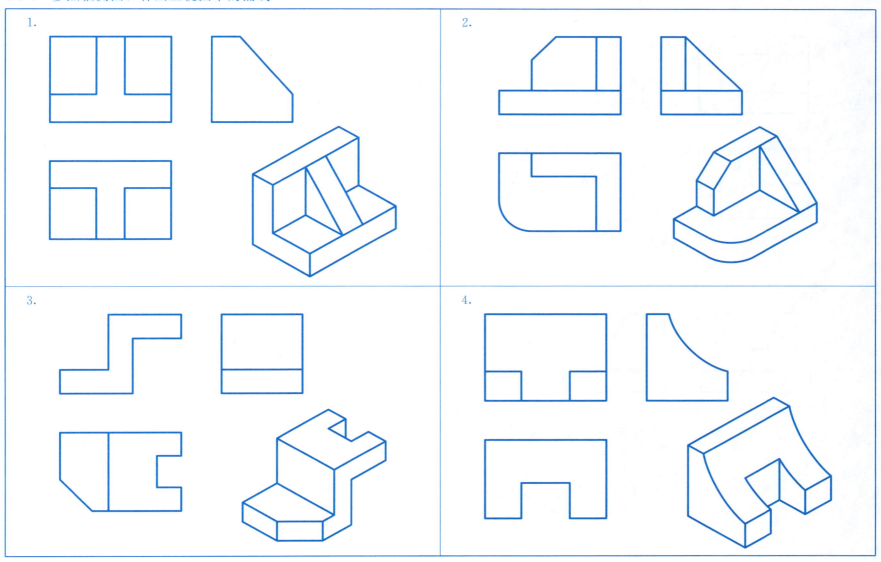

1.

2.

3.

4.

1.

2.

3.

4.

班级＿＿＿＿＿＿＿＿ 姓名＿＿＿＿＿＿＿＿ 学号＿＿＿＿＿＿＿＿

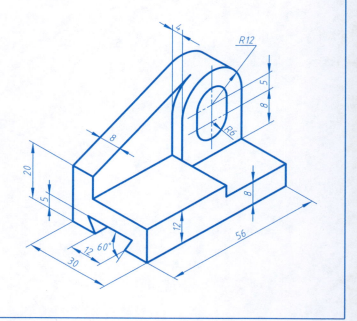

班　级＿＿＿＿＿＿＿＿＿　姓　名＿＿＿＿＿＿＿＿＿　学　号＿＿＿＿＿＿＿＿＿

1.

2.

3.

4.

5.

6.

7.

8.

　　　班　级_____　　姓　名_____　　学　号_____

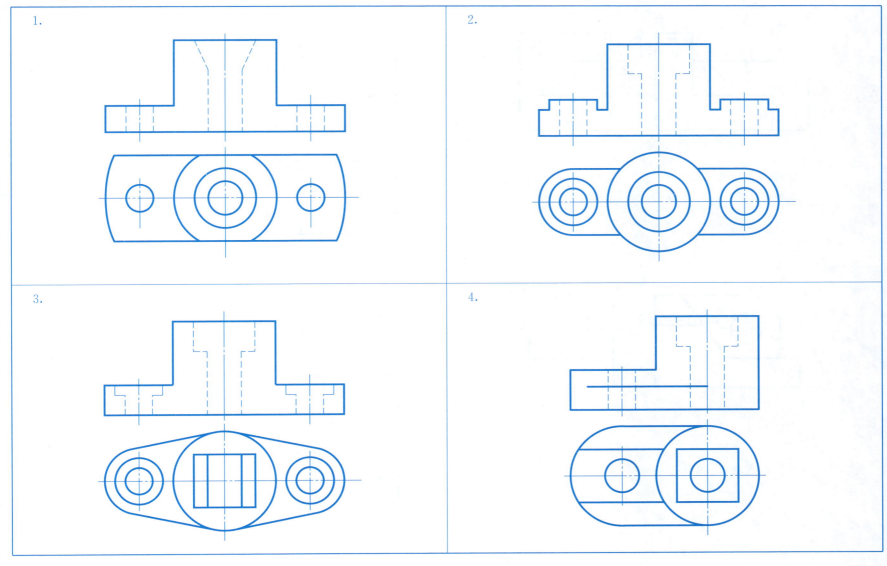

1.

2.

3.

4.

1-3-11 运用形体分析法和线面分析法想出物体的形状，补画第三视图

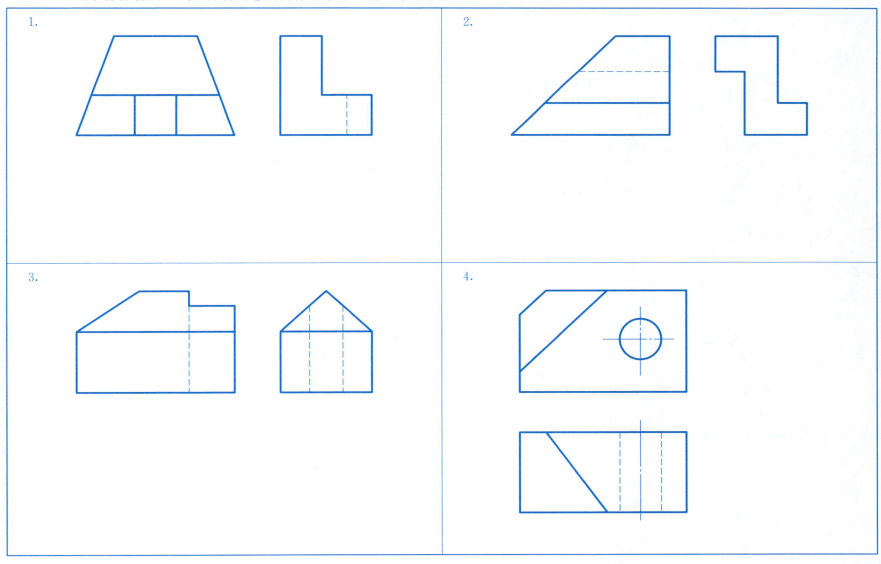

1.

2.

3.

4.

1. 标注下列几何体的尺寸，尺寸数值从图中量取，并取整数。

（1）

（2）

（3）

（4）

（5）

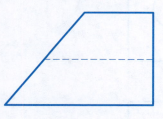

（6）

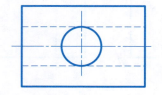

1-3-12 组合体的尺寸标注（续）

2. 用形体分析法标注基本几何体及组合体的尺寸，尺寸数值从图中量取，并取整数。

（1）

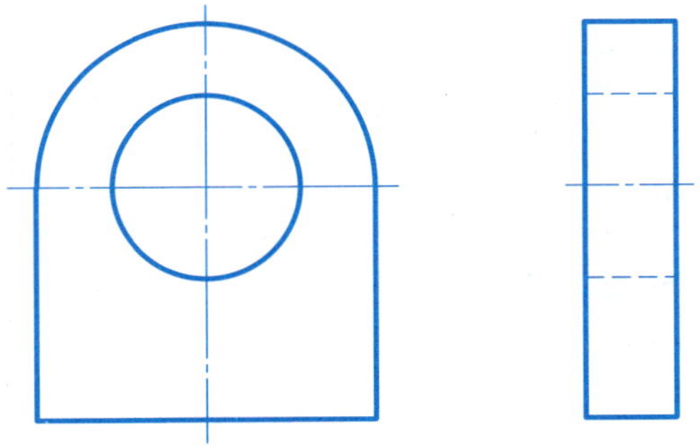

（2）

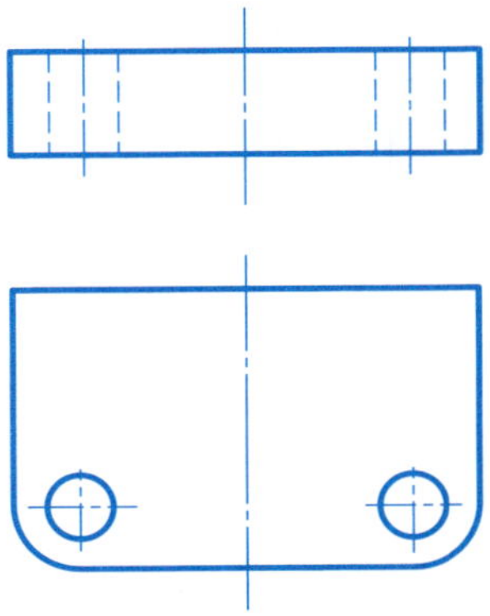

（3）

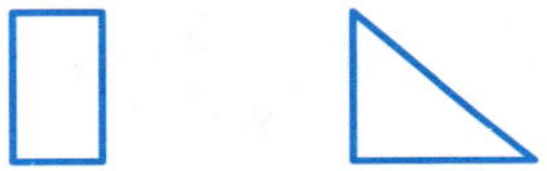

（4）

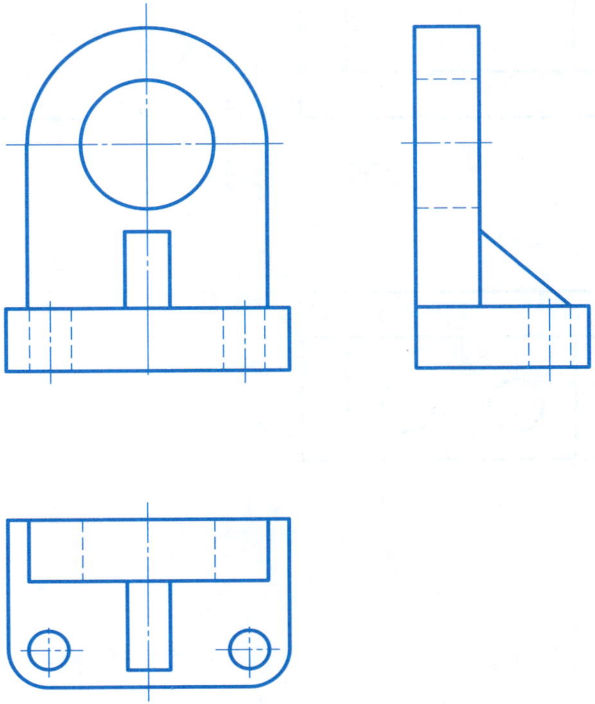

3. 标注组合体尺寸，尺寸数值从图中量取，并取整数。

（1）

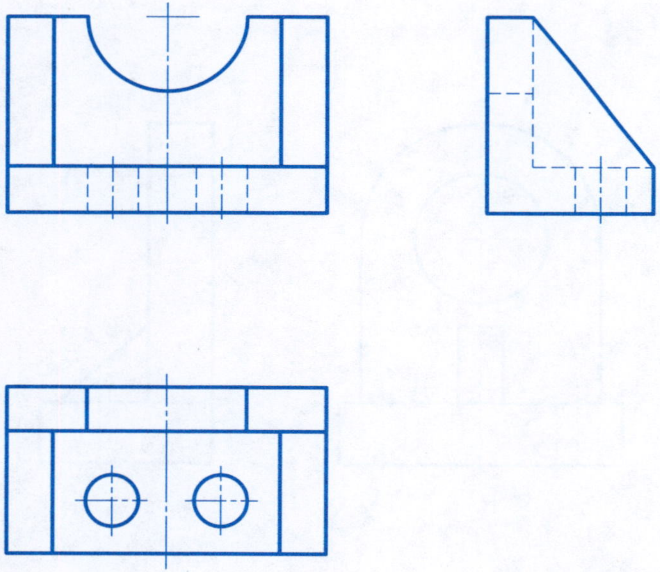

（2）

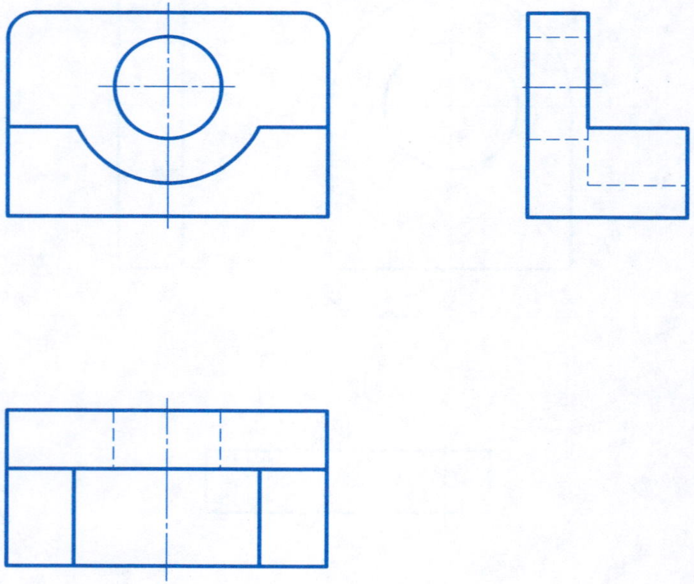

1. 根据物体的三视图，绘制右视图、后视图和仰视图。

2. 根据主、俯视图，画出 A、B 向视图。

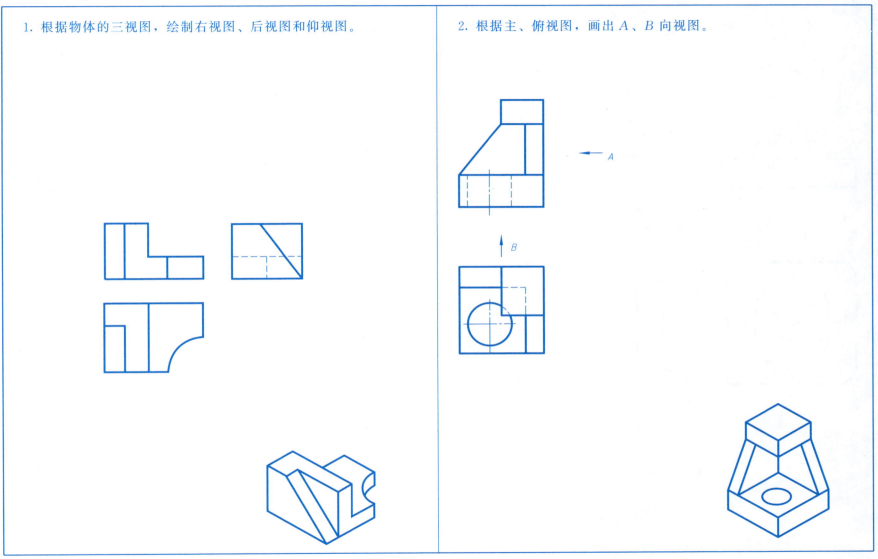

1. 根据形体的主、俯视图，按箭头所指方向绘制局部视图和斜视图并标注。

2. 根据形体的三视图，按箭头所指方向绘制局部视图和斜视图并标注。

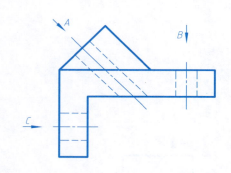

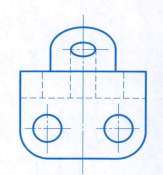

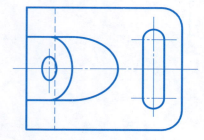

班　级＿＿＿＿＿＿＿　　姓　名＿＿＿＿＿＿＿　　学　号＿＿＿＿＿＿＿

3. 根据物体的主、俯视图，按箭头所指方向绘制局部视图和斜视图并标注。

4. 根据物体的主、俯视图，按箭头所指方向绘制斜视图和局部视图并标注。

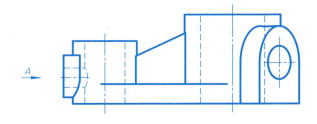

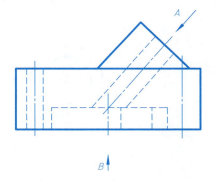

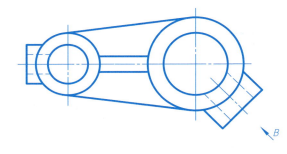

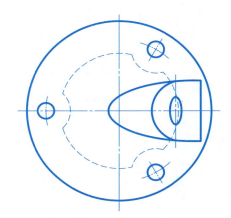

1.

2.

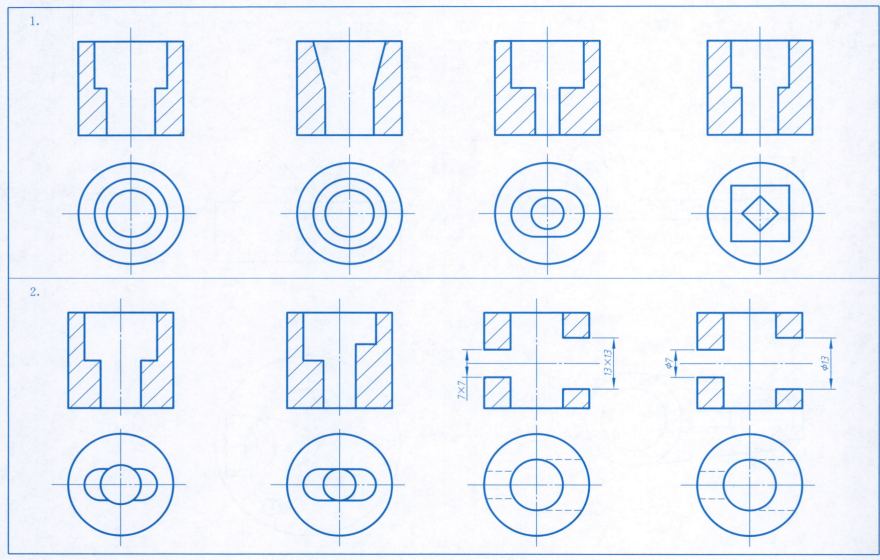

班级＿＿＿＿＿＿＿＿ 姓 名＿＿＿＿＿＿＿＿ 学 号＿＿＿＿＿＿＿＿

1.

2.

3.

1.

2.

3.

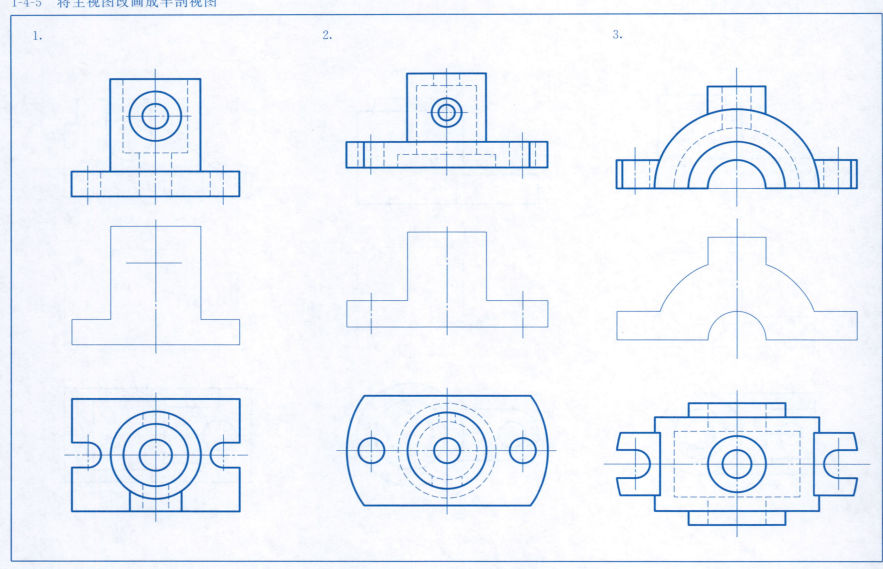

班 级_____ 姓 名_____ 学 号_____

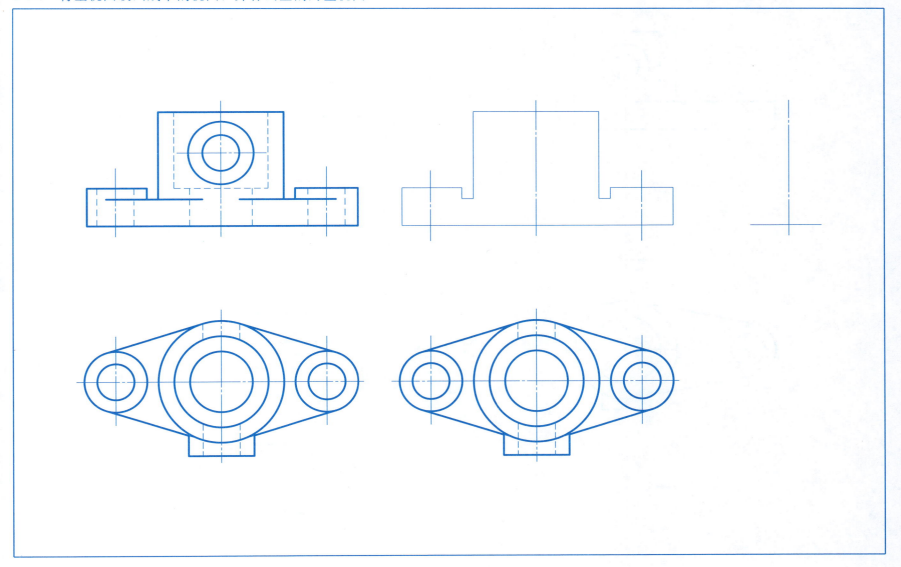

1.

2.

3.

1.

2.

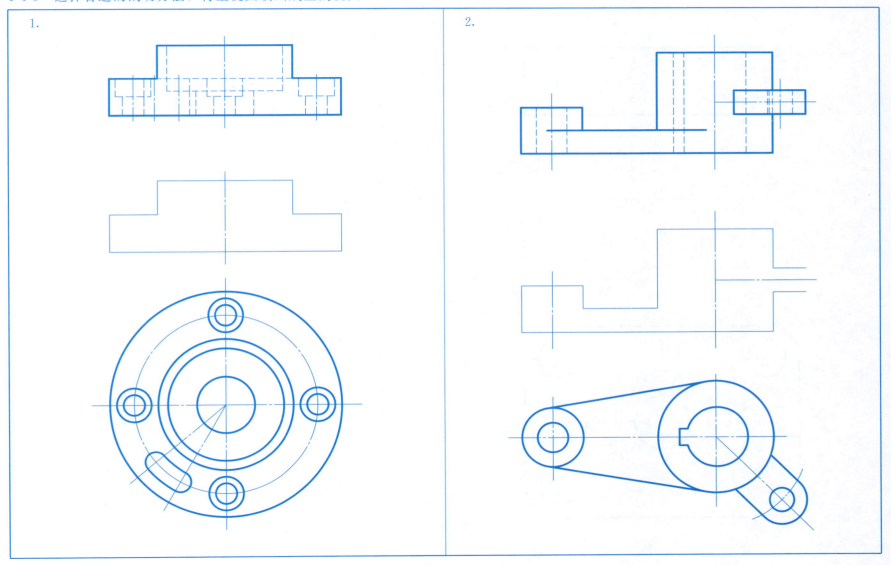

3.

4.

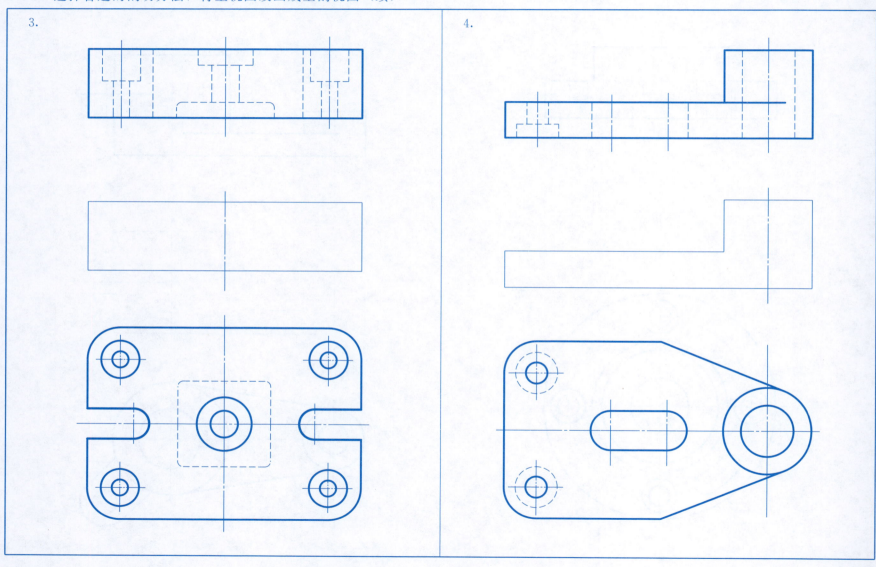

画出 *A—A*、*B—B* 剖视图。

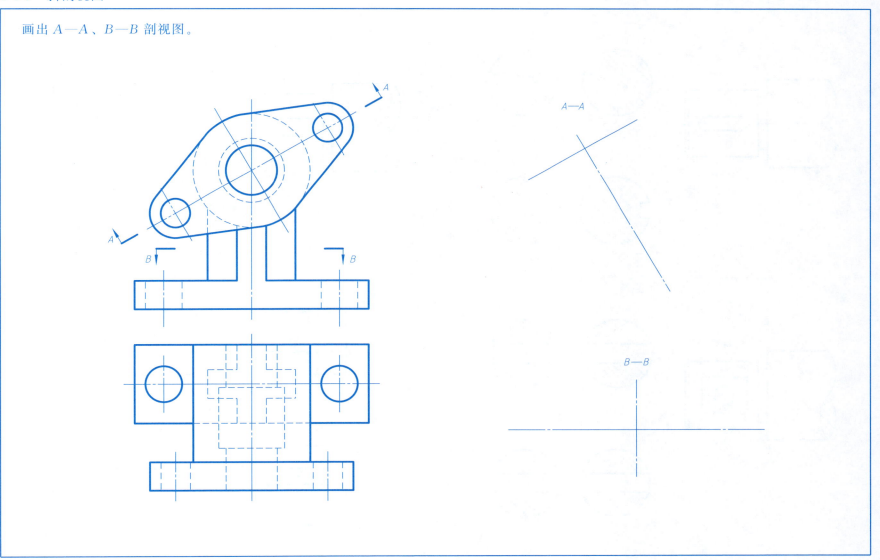

1-4-10 选择正确的断面图，在正确的答案上打√

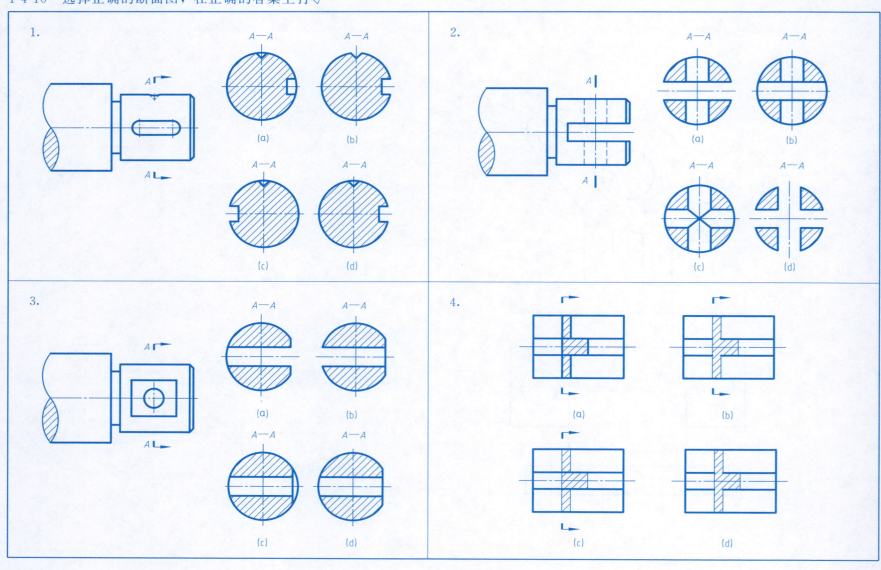

1.

A—A (a)   A—A (b)

A—A (c)   A—A (d)

2.

A—A (a)   A—A (b)

A—A (c)   A—A (d)

3.

A—A (a)   A—A (b)

A—A (c)   A—A (d)

4.

(a)   (b)

(c)   (d)

班 级＿＿＿＿＿＿   姓 名＿＿＿＿＿＿   学 号＿＿＿＿＿＿

1. 指出图中错误，并将正确的移出断面图画在下面。

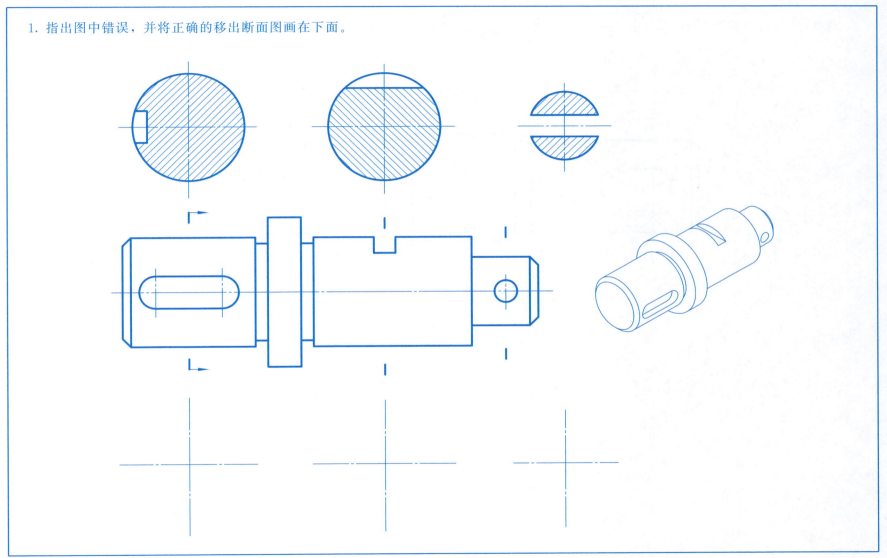

2. 按指定的剖切位置绘制断面图（注：轴上的左键槽深 4.5，右方半圆键键槽宽 6）。

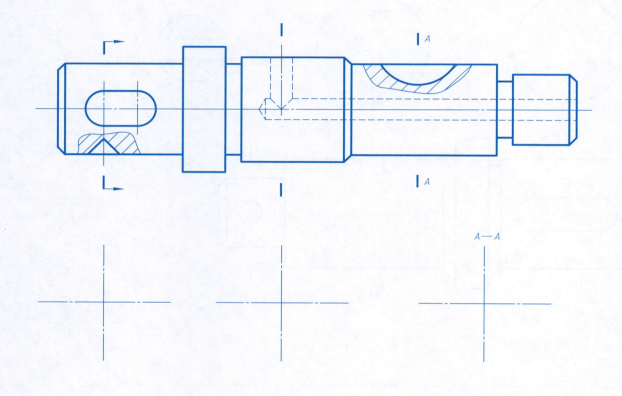

$A—A$

班级_____   姓　名_____   学　号_____

1. 在俯视图上画出重合断面图。

3. 按规定画法在指定位置画出正确的剖视图。

2. 在主视图上画出重合断面图。

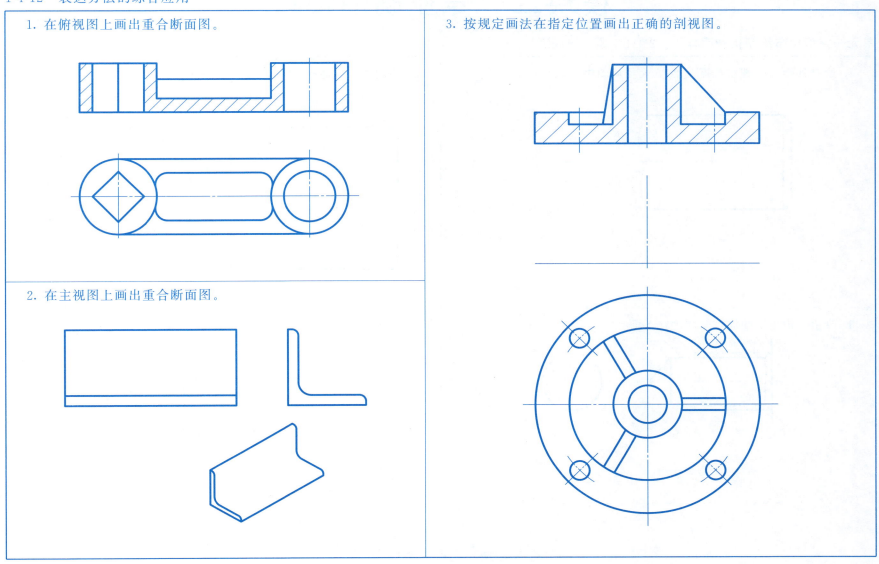

模块二　专业制图模块

1. 绘制外螺纹，螺纹长度为 25（大径从图中量取）。

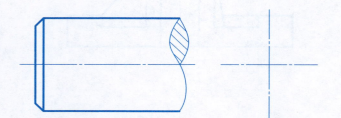

2. 绘制内螺纹通孔 $M16$，两端孔口倒角 $C1.5$。

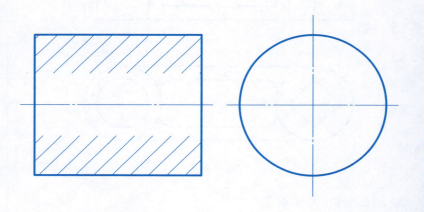

3. 改错，把正确的螺纹画法画在下面。

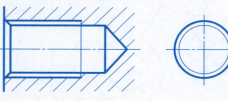

4. 改错，把正确的螺纹连接画法画在下面。

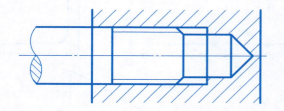

　班　级＿＿＿＿＿＿＿＿　姓　名＿＿＿＿＿＿＿＿　学　号＿＿＿＿＿＿＿＿

1. 普通螺纹，螺距为 3，单线右旋，中径和顶径公差带均为 6g（大径从图中量取）。 	2. 普通螺纹，螺距为 1.5，单线右旋，中径和顶径公差带均为 6H（大径从图中量取）。 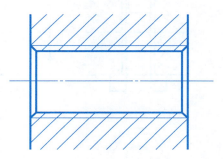
3. 非螺纹密封的管螺纹，尺寸代号为 1/2，公差带等级为 A 级，右旋。 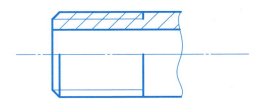	4. 用螺纹密封的圆锥内螺纹，尺寸代号为 1/2，右旋。 

2-1-3　指出下列螺纹联接件画法中的错误，并在指定位置画出正确图形

1.

2.

3.

1. 已知直齿圆柱齿轮：$m=3$，$z=25$，根据齿轮的规定画法按 1：1 完成齿轮零件图，并标注尺寸（轮齿部分尺寸根据计算确定，其他尺寸由图中量取，轮齿端部倒角为 $C=1.5$）。

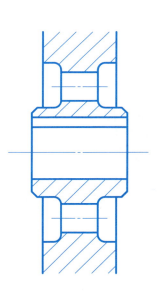
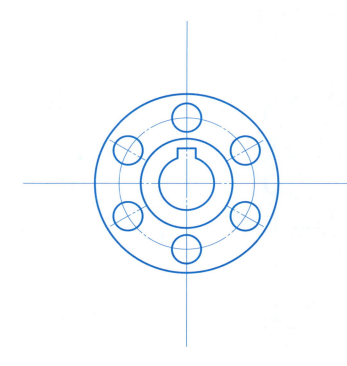

2. 已知一对直齿圆柱齿轮的齿数：$z_1=17$，$z_2=37$，中心距 $a=54$，试计算齿轮的几何尺寸，按 1：1 完成齿轮啮合图。

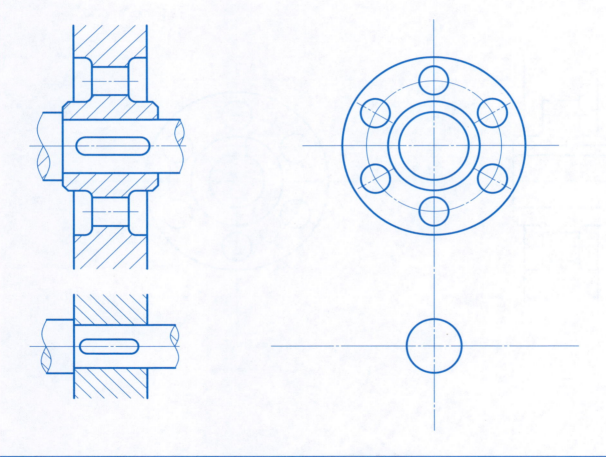

一、工作原理

球阀是管道系统中控制流量和启闭的一个部件。当球阀的阀芯 4 处于图示位置时，阀芯中的孔与阀体、阀盖中的孔同轴，阀门为开启状态。当转动手柄 12 带动阀杆 11 和阀芯 4 旋转 90°时，则阀芯中的孔与阀体、阀盖中的孔轴线垂直，阀门为关闭状态。

二、读懂球阀装配图，回答问题

1. 该装配图由＿＿＿＿个视图表达。主视图采用＿＿＿＿剖视，反映了球阀的＿＿＿＿＿＿＿和＿＿＿＿＿＿；左视图采取了＿＿＿＿画法，并采用＿＿＿＿剖视，表达了＿＿＿＿＿＿＿的外形以及＿＿＿＿＿＿＿＿间的装配关系。

2. 阀体 1 和阀盖 2 之间用＿＿＿＿个＿＿＿＿连接；阀芯与阀体及阀盖间装有＿＿＿＿＿，起＿＿＿＿＿作用。

3. 手柄 12 与阀杆 11 装配处是一＿＿＿＿形孔；阀杆上用细实线绘制的对角线表示＿＿＿＿＿＿。

4. 球阀上共有＿＿＿＿条装配干线，在拆卸球阀时，各装配干线上最先拆除的零件分别是＿＿＿＿和＿＿＿＿。

5. 将＿＿＿＿＿旋转 90°，带动＿＿＿＿和＿＿＿＿也旋转 90°，达到＿＿＿＿＿的目的，并在＿＿＿＿零件上有限位结构。

6. 为了防止流体从阀杆 11 外径处渗出，球阀采用了＿＿＿＿＿＿＿＿＿＿等零件防漏。

7. $\phi 14 H11/c11$ 表示件＿＿＿＿与件＿＿＿＿之间为＿＿＿＿配合，其基本尺寸为＿＿＿＿，孔的公差带代号为＿＿＿＿，轴的公差代号为＿＿＿＿。

8. 球阀的管口直径 $\phi 20$ 属于＿＿＿＿尺寸，球阀的安装尺寸为＿＿＿＿＿＿。

班 级＿＿＿＿＿＿＿＿ 姓 名＿＿＿＿＿＿＿＿ 学 号＿＿＿＿＿＿＿＿ **61**

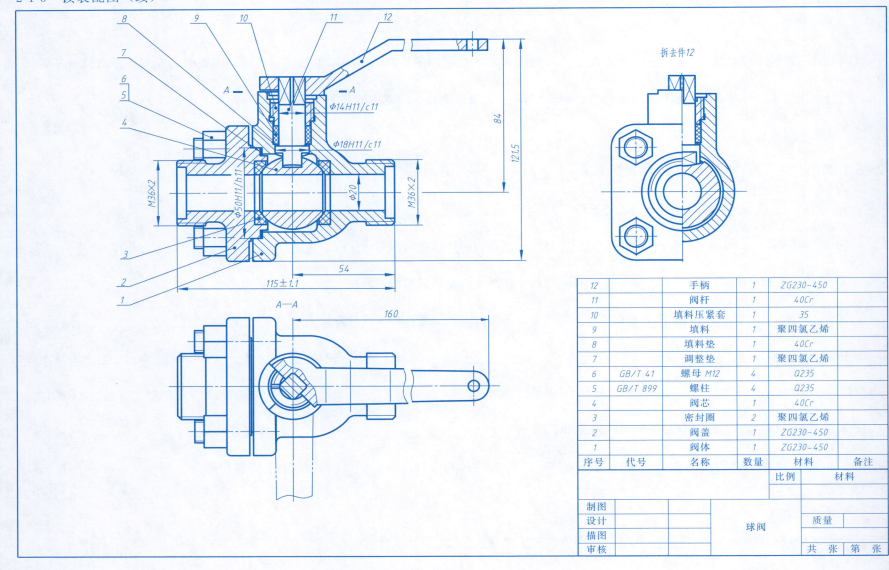

拆去件12

序号	代号	名称	数量	材料	备注
12		手柄	1	ZG230-450	
11		阀杆	1	40Cr	
10		填料压紧套	1	35	
9		填料	1	聚四氯乙烯	
8		填料垫	1	40Cr	
7		调整垫	1	聚四氯乙烯	
6	GB/T 41	螺母 M12	4	Q235	
5	GB/T 899	螺柱	4	Q235	
4		阀芯	1	40Cr	
3		密封圈	2	聚四氯乙烯	
2		阀盖	1	ZG230-450	
1		阀体	1	ZG230-450	

制图					
设计			球阀	质量	
描图					
审核				共 张 第 张	

比例　　　材料

班级＿＿＿＿＿＿＿＿　姓名＿＿＿＿＿＿＿＿　学号＿＿＿＿＿＿＿＿＿＿

1. 解释图中配合代号的含义。

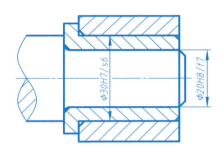

（1）轴套与孔：

轴套与孔的配合尺寸 φ30H7/s6 表示属于基_____制，_____

配合；

H 表示_____，s 表示_____；

轴套为 IT_____级，孔为 IT_____级。

（2）轴与轴套孔：

轴与轴套孔的配合尺寸 φ20H8/f7 属于基_____制，_____

配合；

H 表示_____，f 表示_____；

轴为 IT_____级，轴套孔为 IT_____级。

2. 按给定要求在下图中注出表面粗糙度。

螺纹 M30：Ra3.2；φ44 外表面：Ra6.3；孔 φ30：Ra12.5；孔 φ13：Ra3.2；锪平面：Ra12.5；其余表面均为铸造毛坯面。

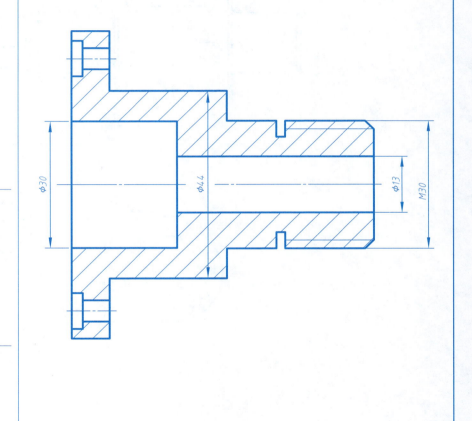

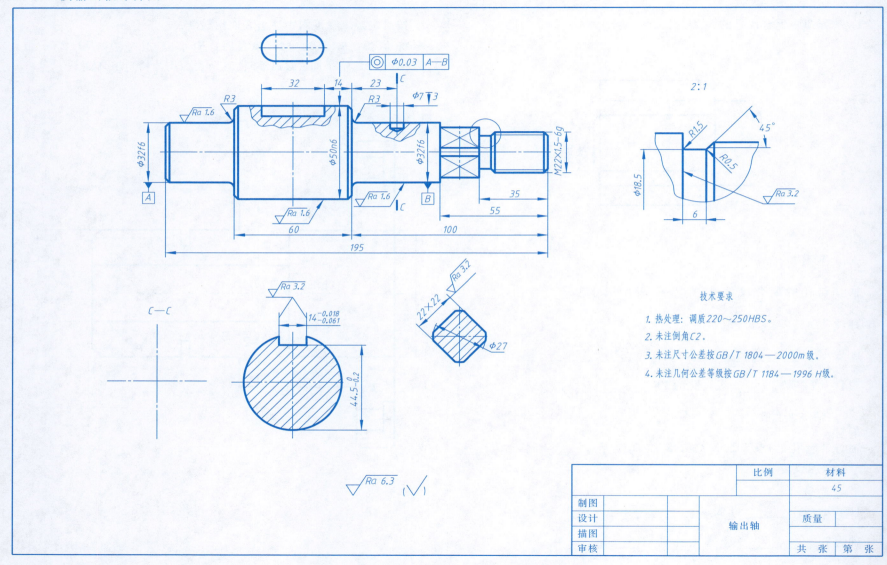

2:1

技术要求

1. 热处理: 调质220~250HBS。

2. 未注倒角C2。

3. 未注尺寸公差按GB/T 1804—2000m级。

4. 未注几何公差等级按GB/T 1184—1996 H级。

C—C

√Ra 6.3 (√)

	比例		材料	
			45	
制图				
设计		输出轴	质量	
描图				
审核			共 张 第 张	

回答问题：

（1）此零件是_____类零件，主视图符合_____位置原则。

（2）主视图采用了_____剖视，用来表达_____；下方两个图形为_____图，用来表达_____和_____结构；右方图形为_____图，用来表达_____；上方图形为_____图，表达_____。

（3）零件上 φ50n6 的这段轴长度为_____，表面粗糙度代号为_____。

（4）轴上平键槽的长度为_____，宽度为_____，深度为_____，定位尺寸为_____。

（5）M22×1.5－6g 的含义是_____。

（6）图上尺寸 22×22 的含义是_____。

（7）φ50n6 的含义：表示基本尺寸为_____，基本偏差代号为_____，公差等级为 IT _____级，上偏差为_____，下偏差为_____，公差为_____。

（8）$\boxed{\odot \ \phi0.03 \ A\!-\!B}$ 的含义：表示被测要素为_____，基准要素为_____，公差项目为_____，公差值为_____。

（9）在图上指定位置画出 C—C 移出断面图。

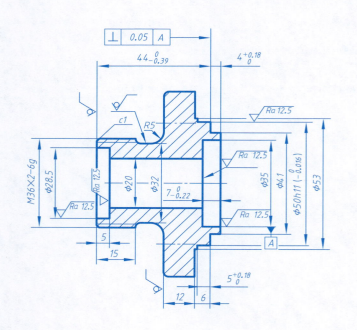

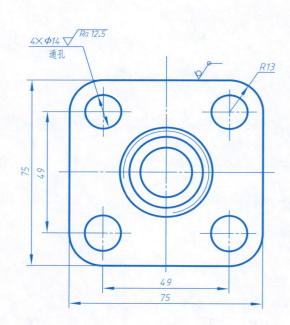

技术要求

1. 未注铸造圆角R1~R3。

2. 铸件应经时效处理, 消除内应力。

	比例		材料	
			ZG230-450	
制图				
设计		阀盖	质量	
描图				
审核			共 张 第 张	

班 级_____ 姓 名_____ 学 号_____

回答问题：

（1）零件的名称是 _____ ，材料是 _____ ，该零件采用了 _____ 个视图，分别为

_____ 和 _____ 。

（2）零件上有 _____ 处螺纹结构，其规格尺寸为 _____ 。

（3）$\phi50h11$ 表示基本尺寸是 _____ ，基本偏差代号是 _____ ，公差等级是 IT _____ 级；其最大极限尺寸是

_____ ，最小极限尺寸是 _____ 。

（4）该零件的表面粗糙度共有 _____ 种要求；表面粗糙度要求最高的表面，其 Ra 值为 _____ ，其表面粗糙度代号

为 _____ 。

（5）尺寸 49 是 $4\times\phi14$ 孔的 _____ 尺寸，该孔的表面粗糙度是 _____ 。

（6）解释几何公差 $\boxed{\perp\ \ 0.05\ \ A}$ 的含义：_____ 。

（7）未注铸造圆角为 _____ 。

（8）用"▲"在图上标出该零件三个方向的主要尺寸基准。

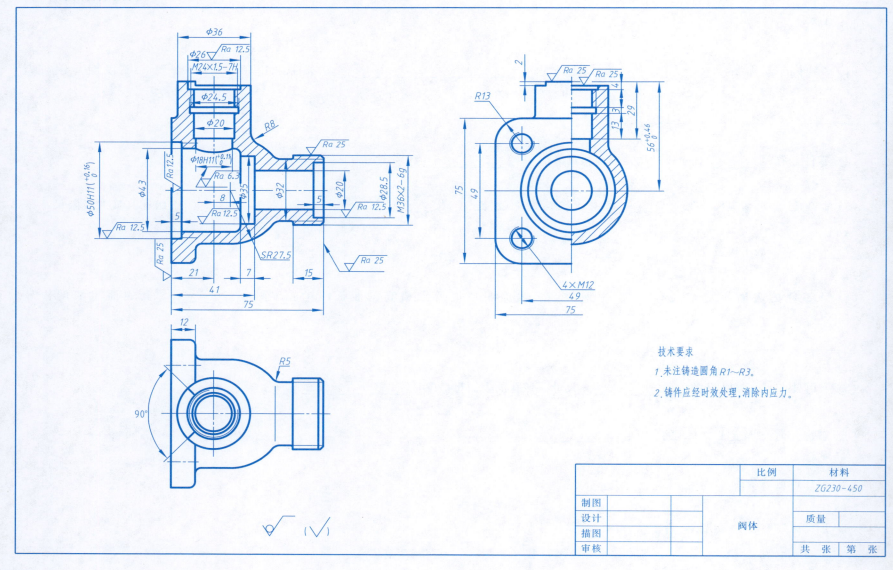

技术要求

1. 未注铸造圆角 $R1 \sim R3$。

2. 铸件应经时效处理,消除内应力。

			比例	材料	
				ZG230-450	
制图					
设计			阀体	质量	
描图					
审核				共 张 第 张	

班级＿＿＿＿＿＿ 姓 名＿＿＿＿＿＿ 学 号＿＿＿＿＿＿

回答问题：

（1）零件的名称是_____，该零件采用了_____个视图，其中主视图采用了_____剖视，左视图采用了_____剖视。

（2）阀体左端装配面上有_____个螺孔，公称直径为_____，旋向为_____；其宽度和高度方向的定位尺寸分别是

_____和_____。

（3）φ50H11表示基本尺寸是_____，基本偏差代号是_____，公差等级是 IT_____级；其最大极限尺寸是

_____，最小极限尺寸是_____。

（4）该零件的表面粗糙度共有_____种要求；表面粗糙度要求最高的表面，其 Ra 值为_____。

（5）螺孔 M24×1.5−7H 端部退刀槽的尺寸为_____。

（6）未注铸造圆角为_____。

（7）用"▲"在图上标出该零件三个方向的主要尺寸基准。

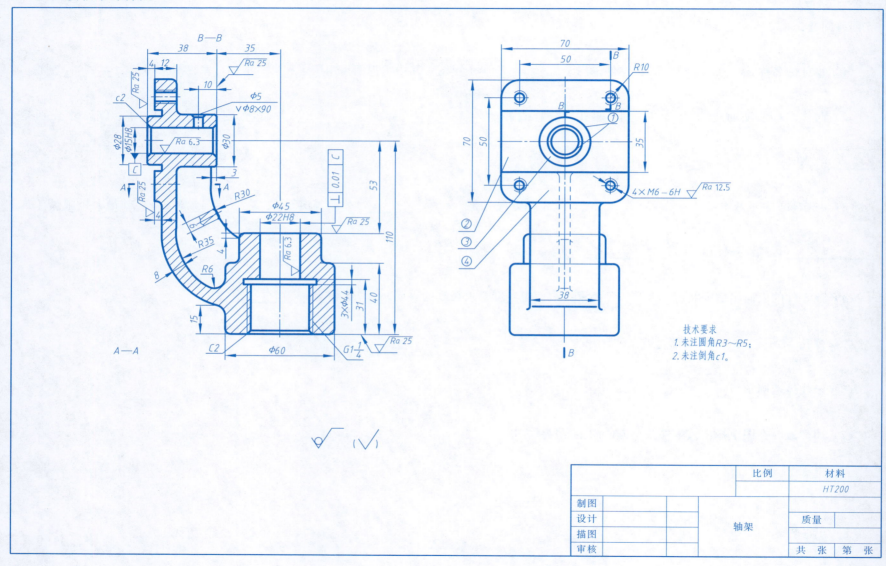

技术要求
1. 未注圆角R3～R5；
2. 未注倒角c1。

		比例	材料	
			HT200	
制图				
设计		轴架	质量	
描图				
审核			共 张 第 张	

班级_____ 姓名_____ 学号_____

回答问题：

（1）主视图采用了＿＿＿＿＿＿＿＿＿＿图。在主视图中还有一个＿＿＿＿＿＿＿＿断面图，它主要表达＿＿＿＿＿＿＿＿＿＿形状。

（2）左视图中①所指两个圆的直径分别是＿＿＿＿＿＿＿＿＿＿、＿＿＿＿＿＿＿＿＿。

（3）零件上共有＿＿＿＿＿＿＿＿＿＿个螺纹孔，其代号分别是＿＿＿＿＿＿＿＿＿。

（4）图中②、③、④所指三个面的表面粗糙度代号分别为：②是＿＿＿＿＿＿＿＿，③是＿＿＿＿＿＿＿，④是＿＿＿＿＿＿＿。

（5）在图中指定位置补画 A—A 断面图（大小从图中量取）。

（6）解释几何公差 $\boxed{\perp\ |\ 0.01\ |\ C}$ 的含义：＿＿＿＿＿＿＿＿＿＿＿＿＿＿＿＿。

作 业 指 导

1. 作业名称及内容

图名：阀体或轴。

内容：根据零件的轴测图绘制零件图。

2. 作业目的及要求

（1）学会运用恰当的表达方法，完整、清晰地表示零件的内外结构形状。

（2）参考轴测图中的尺寸，学会在齐全、清晰的基础上合理地标注尺寸。

3. 作业提示

（1）选用适当的比例及图纸绘制零件图。

（2）在确定主视图的同时，要考虑选择几个基本视图（表达主体结构的形状）和选什么辅助视图（表达局部形状）。

（3）合理选用剖视图和断面图，一个视图尽可能表达较多结构，但避免在同一视图上过多采用局部剖视图，以免影响主体形状。

（4）选用的一组图形，应便于标注尺寸，或者通过标注一个至几个尺寸，使视图简化或减少视图数量。

1. 阀体

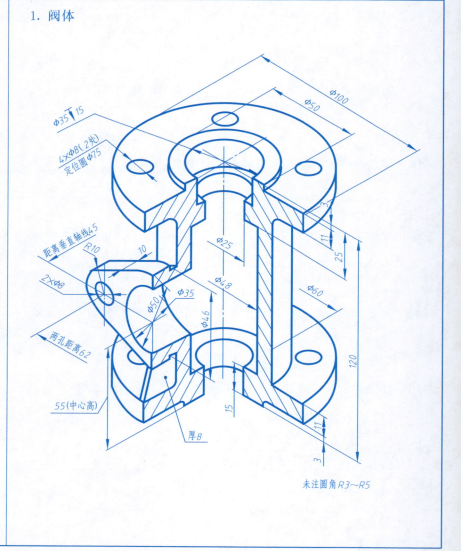

班 级＿＿＿＿＿＿＿＿   姓 名＿＿＿＿＿＿＿＿   学 号＿＿＿＿＿＿＿＿

2. 轴

零件名称：轴。
材料：45。
键槽尺寸按标准查表。

技术要求
1. 调制处理220-240HBS。
2. 去毛刺。

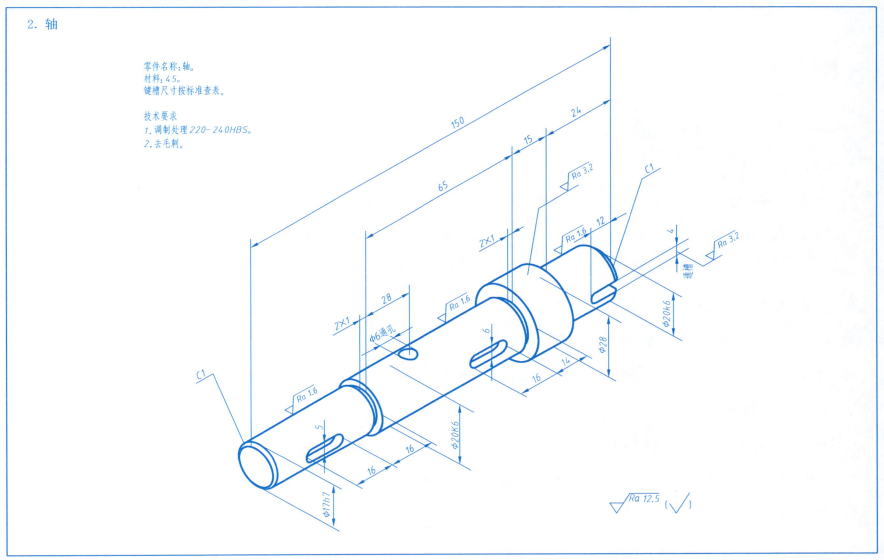

作 业 指 导

1. 作业名称及内容

（1）图名：千斤顶

（2）内容：根据所给装配体的示意图及零件图画出装配图。

2. 作业目的及要求

（1）目的：掌握绘制装配图的方法与步骤，为识读机械图样以及零件测绘打下基础。

（2）要求：恰当选择视图表达方案，标注必要的尺寸，编写零件序号，填写标题栏、明细栏。

3. 作业提示

（1）用 A3 图幅绘制，比例 1∶1。

（2）参阅千斤顶装配示意图，弄清工作原理，看懂全部零件图。

（3）注意装配图上的规定画法，如剖面线的画法。剖视图中某些零件按不剖画法，允许简化或省略的各种画法等。

4. 千斤顶的工作原理

千斤顶利用螺母与螺杆间的螺旋传动来顶重物，是机械安装或汽车修理常用的一种起重或顶压工具。工作时，绞杆（图中未示）穿在螺杆 3 上部的圆孔中，转动绞杆，螺杆通过螺母 2 中的螺纹上升而顶起重物。螺母镶嵌在底座里，用螺钉固定。在螺杆的球面形顶部套一个顶垫，为防止顶垫随螺杆一起转动时脱落，在螺杆顶部加工一个环形槽，将一紧定螺钉的端部伸进环形槽锁定。

班 级_____ 姓 名_____ 学 号_____

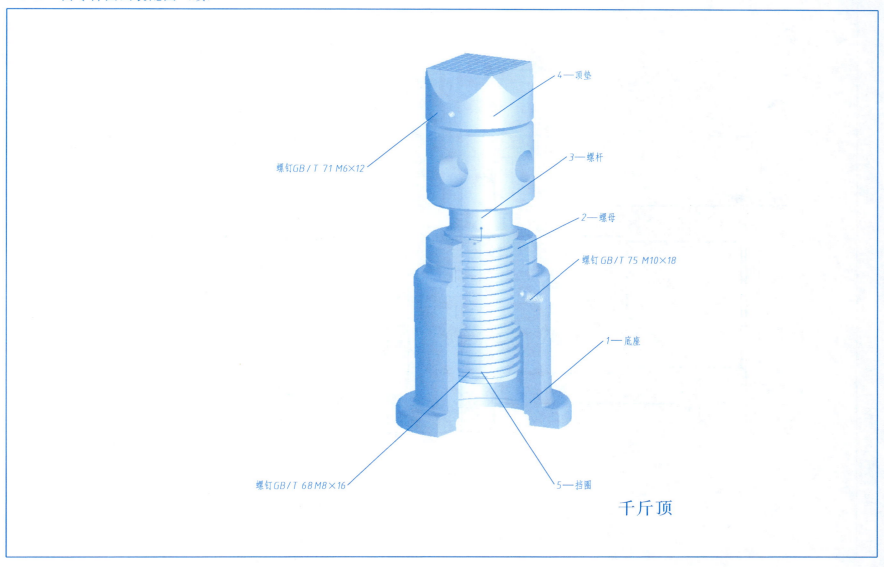

4—顶垫

3—螺杆

2—螺母

螺钉 GB/T 75 M10×18

螺钉GB/T 71 M6×12

1—底座

螺钉GB/T 68 M8×16

5—挡圈

千斤顶

2-1-12 由零件图画装配图（续）

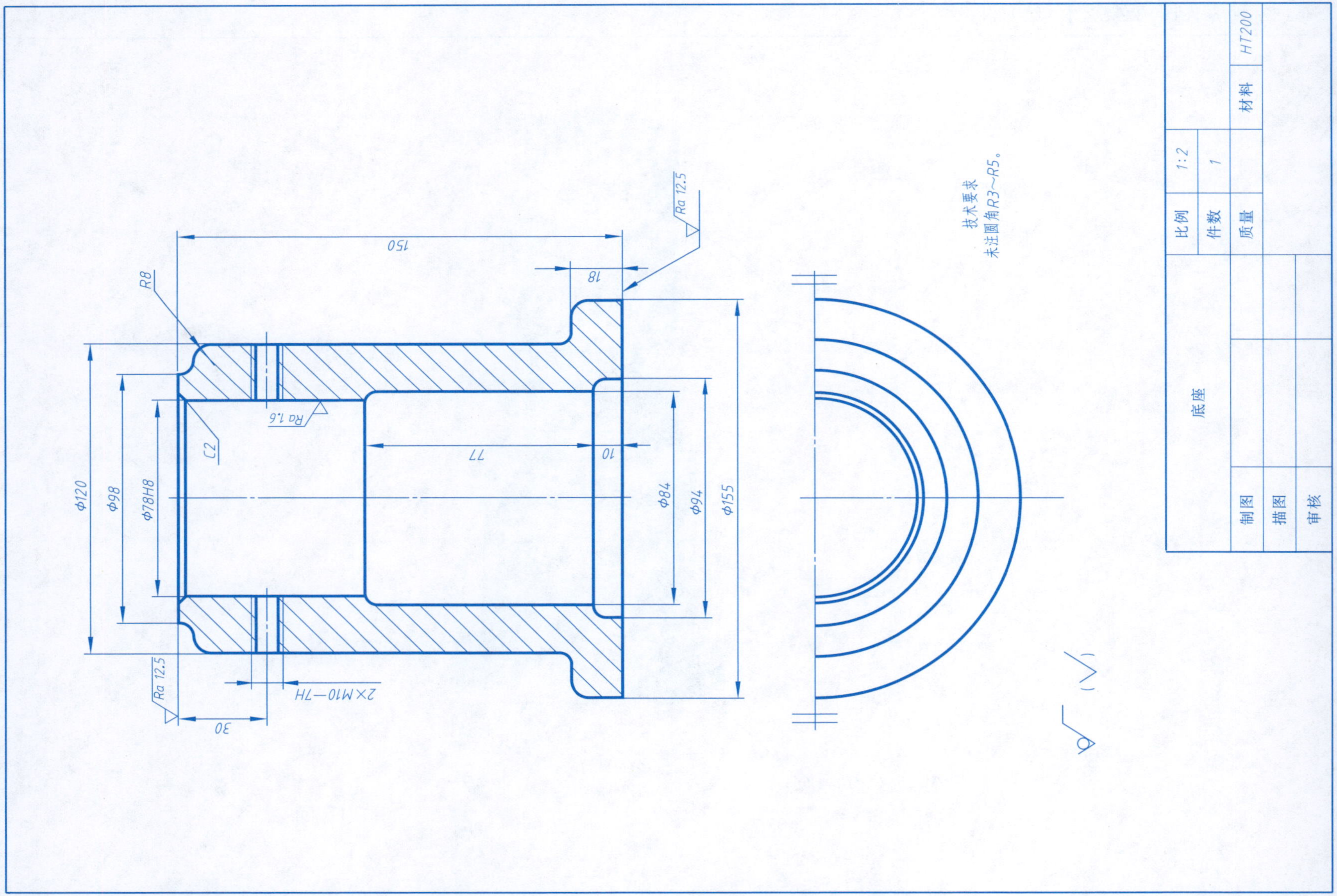

R8
150
18
Ra 12.5
Ra 1.6
C2
77
10
φ120
φ98
φ78H8
φ84
φ94
φ155
2×M10−7H
30
Ra 12.5
技术要求
未注圆角R3~R5。
比例 1:2
件数 1
质量
材料 HT200
底座
制图
描图
审核

班 级＿＿＿＿＿＿ 姓 名＿＿＿＿＿＿ 学 号＿＿＿＿＿＿

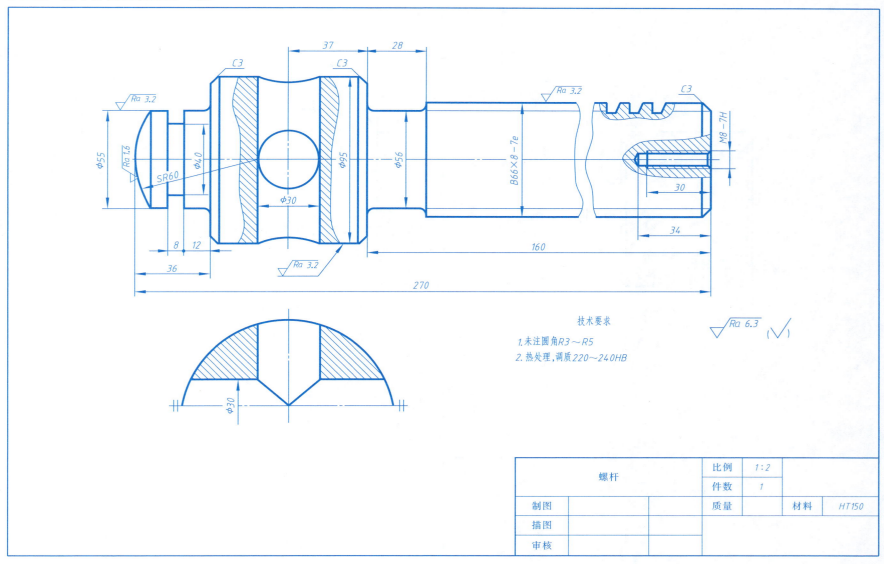

技术要求

1. 未注圆角R3～R5
2. 热处理，调质220～240HB

	螺杆		比例	1:2	
			件数	1	
制图			质量		材料	HT150
描图						
审核						

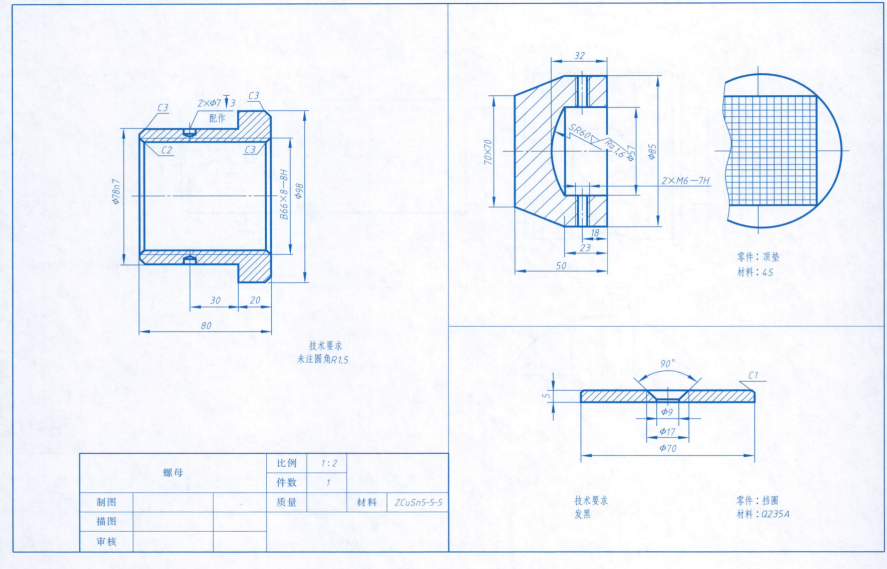

C3
2×φ7▽3
配作
C3
C2
C3
φ78n7
B66×8—8H
φ98
30
20
80
技术要求
未注圆角R1.5

32
70×70
SR60▽ Ra1.6
φ85
φ57
2×M6—7H
18
23
50

零件：顶垫
材料：45

90°
5
φ9
φ17
φ70
C1

技术要求
发黑

零件：挡圈
材料：Q235A

螺母			比例	1:2	
			件数	1	
制图			质量		材料	ZCuSn5-5-5
描图					
审核					

作 业 指 导 书

一、目的

1. 熟悉建筑平面图的内容和要求；

2. 掌握绘制建筑平面图的步骤和方法。

二、要求

1. 图纸：A4 图幅；

2. 比例：1∶100；

3. 线型和线宽严格按照标准要求；

4. 可以尺规绘制，也可利用计算机软件 AutoCAD 进行绘制。

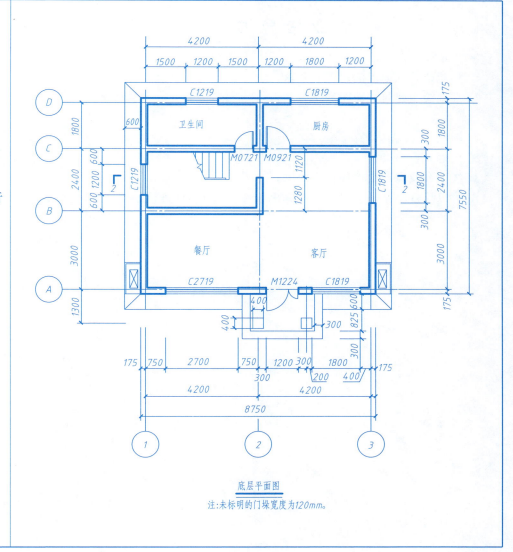

底层平面图

注：未标明的门垛宽度为120mm。

作 业 指 导 书

一、目的

1. 熟悉建筑立面图的内容和要求；

2. 掌握绘制建筑立面图的步骤和方法。

二、要求

1. 图纸：A4 图幅；

2. 比例：1：100；

3. 线型和线宽严格按照标准要求；

4. 可以尺规绘制，也可利用计算机软件 AutoCAD 进行绘制。

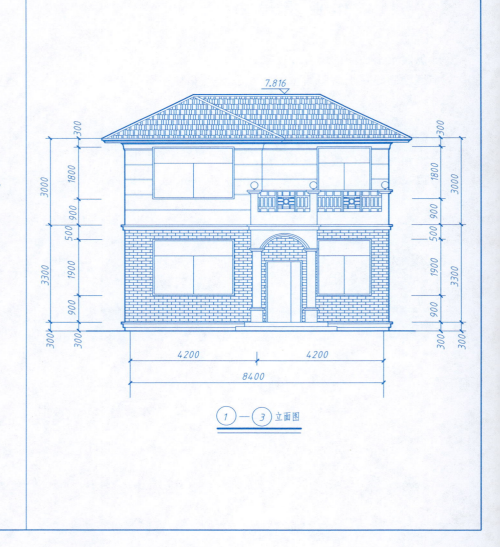

① — ③ 立面图

班 级＿＿＿＿＿＿＿ 姓 名＿＿＿＿＿＿＿ 学 号＿＿＿＿＿＿＿

作 业 指 导 书

一、目的

1. 熟悉建筑剖面图的内容和要求；

2. 掌握绘制建筑剖面图的步骤和方法；

3. 掌握楼梯详图的绘制方法。

二、要求

1. 图纸：A4 图幅；

2. 比例：1：100；

3. 线型和线宽严格按照标准要求；

4. 可以尺规绘制，也可利用计算机软件 AutoCAD 进行绘制。

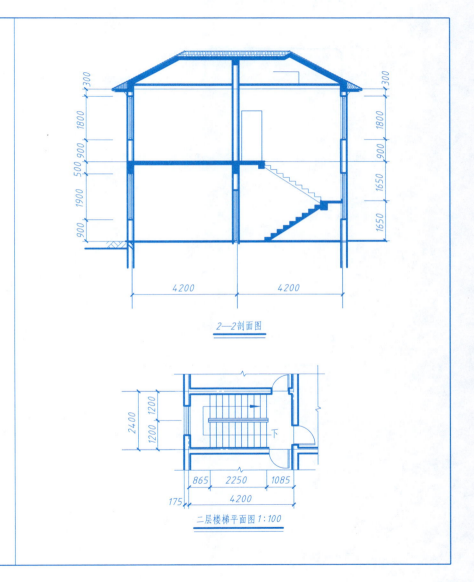

2—2剖面图

二层楼梯平面图1:100

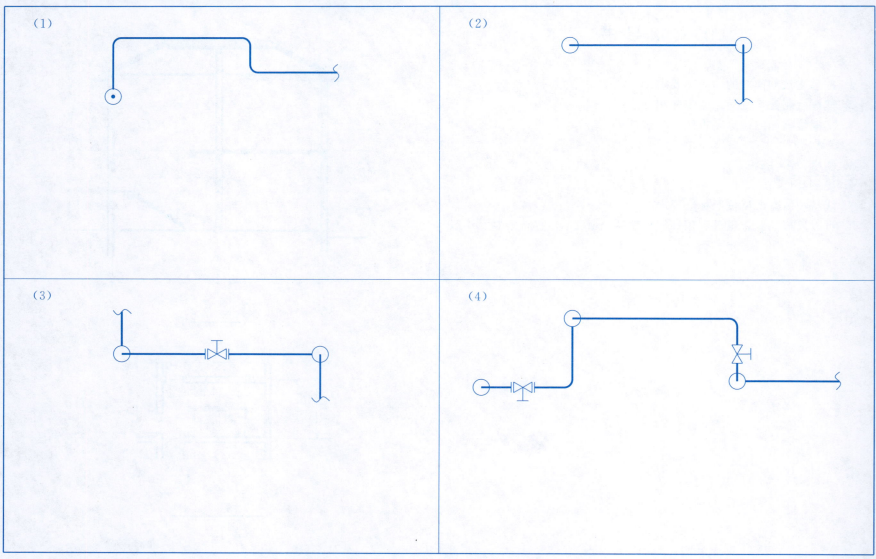

（1）

（2）

（3）

（4）

1. 根据 V、H 面投影图，试画正等测图。

2. 根据 V、H 面投影图，试画斜等测图。

班　级＿＿＿＿＿＿＿＿　姓　名＿＿＿＿＿＿＿＿　学　号＿＿＿＿＿＿＿＿

1. 根据正等轴测图，试画 V、H 面投影。	2. 根据斜等轴测图，试画 V、H 面投影图。
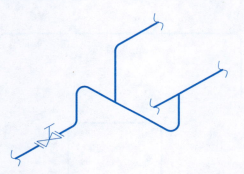	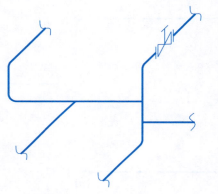

班　级＿＿＿＿＿＿＿＿＿　　姓　名＿＿＿＿＿＿＿＿＿　　学　号＿＿＿＿＿＿＿＿＿

作业指导书

一、目的
1. 熟悉空调水系统的表达内容和图示特点。
2. 掌握空调水系统的绘图方法。

二、图纸
建议采用 A2 幅面绘图纸。

三、标题栏
采用图纸自带标题栏或学生用简易标题栏。

四、比例
按习题集给定比例绘图或根据图幅自定比例。

五、内容
了解整个系统的全貌，抄绘习题集给定的内容。

六、要求
1. 看懂图样及各项内容后，方可画图。
2. 布置图面时，应做到合理、匀称、美观。
3. 绘图时要严格遵守国家标准有关的规定。

七、说明
1. 建议图线的基本线宽 b 用 0.7mm。尺寸数字的字高 3.5mm，汉字字高 5mm。

2. 本作业的尺寸数字、汉字，一定要认真书写，汉字采用长仿宋字。

设备材料表

序号	名　称	规格及性能	单位	数量	备　注
1	活塞式冷水机组	30HK-161	台	1	465kW
2	板式换热器	BR-20	台	1	
3	逆流式玻璃钢冷却塔	$DBNL_3$-100	台	1	深水盘低噪声
4	冷却水泵	IS125-100-315	台	2	$n=1450$　$N=15$kW
5	冷冻水泵	IS100-80-160	台	2	$n=2900$　$N=15$kW
6	分水器	$D=360$　$L=1630$	个	1	见图
7	集水器	$D=360$　$L=1630$	个	1	见图
8	减压阀	y43H-101 活塞式	个	1	$DN50$
9	疏水器	热动力式 $DN50$	个	1	

1. 某宾馆制冷机房水系统图。

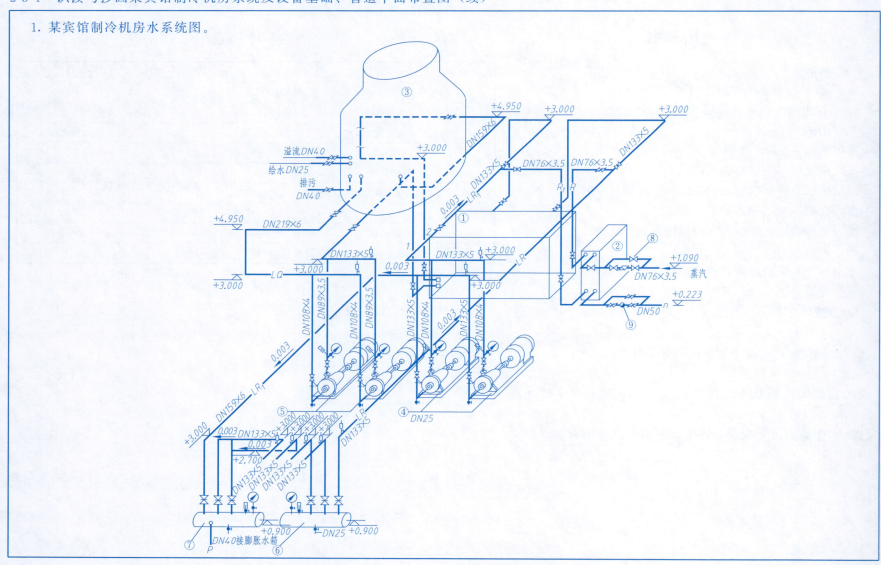

2.某宾馆制冷机房设备基础平面图。

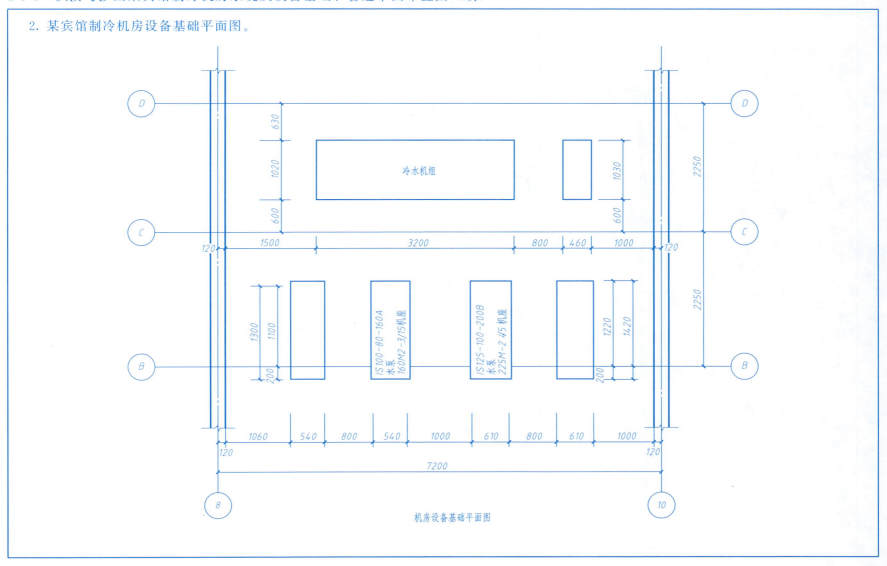

机房设备基础平面图

3. 某宾馆制冷机房设备及管道平面图。

机房管道平面图

注：未标明的墙的宽度为240mm。

控制及值班室　维修间　预留冷水机组　冷水机组　换热器　分水器　集水器　冷冻泵　冷却泵　去冷水塔　冷凝水　蒸汽管　供凝水LR₁　供冷水LR₁　冷水回LR₁

班　级＿＿＿＿＿＿＿　姓　名＿＿＿＿＿＿＿　学　号＿＿＿＿＿＿＿

作业指导书

一、目的

1. 熟悉空调施工图的表达内容和图示特点。

2. 掌握空调施工图的绘图方法。

二、图纸

建议采用 A2 幅面绘图纸。

三、标题栏

采用图纸自带标题栏或学生用简易标题栏。

四、比例

按习题集给定比例绘图或根据图幅自定比例。

五、内容

看懂图样及各项内容后，抄绘习题集给定的内容。

六、绘图步骤

1. 用细实线、按比例画出房屋建筑的主要轮廓；

2. 用细实线、按比例画出带管口的设备示意图；

3. 用粗实线画出管道；

4. 用细实线画出管道上各管件、阀门和控制点；

5. 绘制空调系统图，了解整个系统的全貌。

七、说明

1. 建议图线的基本线宽 b 用 0.7mm。尺寸数字的字高 3.5mm，汉字字高 5mm。

2. 本作业的尺寸数字、汉字，一定要认真书写，汉字采用长仿宋字。

3. 图中标注：1—空调箱；2—新风口；3—回风口；4—散流器。

1. 某会议厅空调系统图。

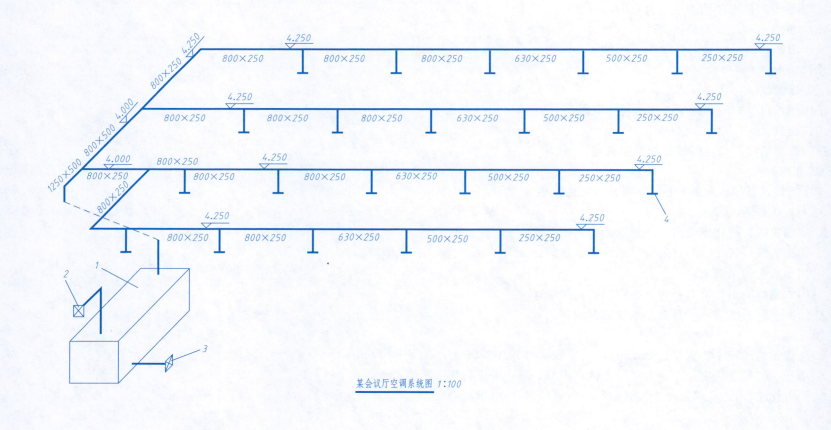

某会议厅空调系统图 1:100

班 级_____ 姓 名_____ 学 号_____

2. 某会议厅空调平面图。

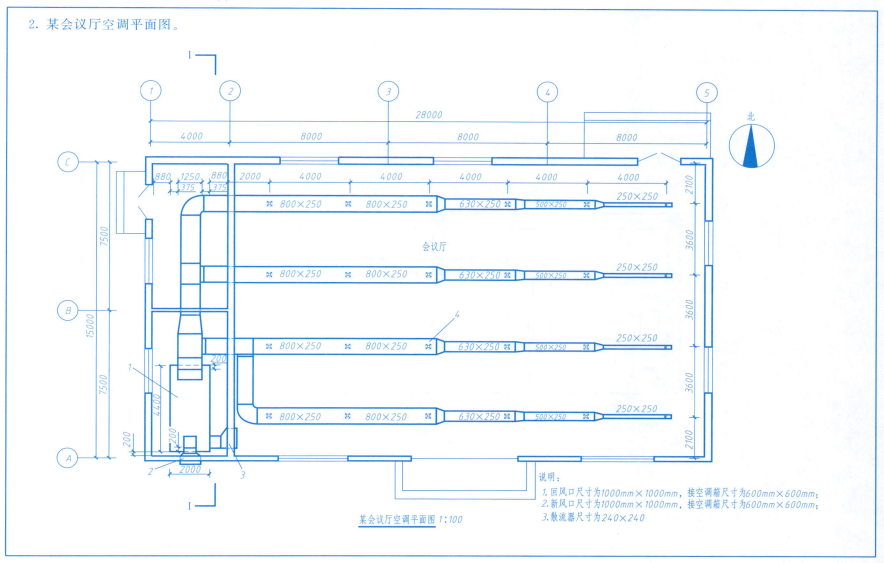

某会议厅空调平面图 1:100

说明：
1. 回风口尺寸为1000mm×1000mm，接空调箱尺寸为600mm×600mm；
2. 新风口尺寸为1000mm×1000mm，接空调箱尺寸为600mm×600mm；
3. 散流器尺寸为240×240

3. 某会议厅空调 I—I 剖面图。

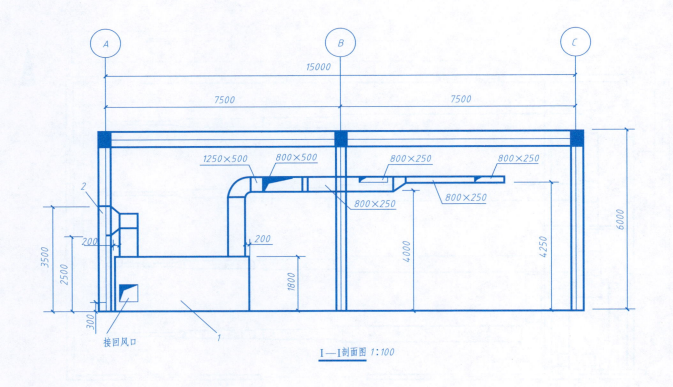

I—I剖面图 1:100

班 级＿＿＿＿＿＿＿＿ 姓 名＿＿＿＿＿＿＿＿ 学 号＿＿＿＿＿＿＿＿

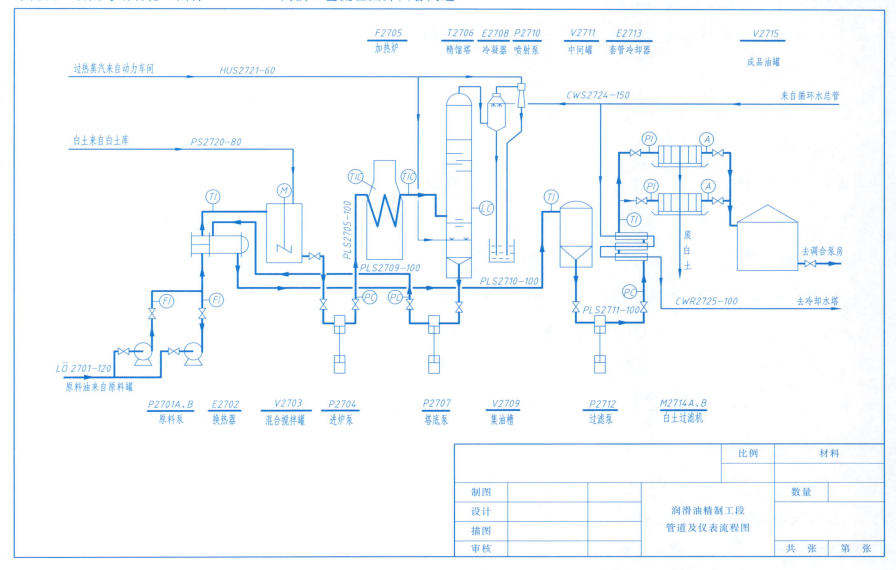

过热蒸汽来自动力车间　　HUS2721-60

白土来自白土库　　PS2720-80

来自循环水总管

CWS2724-150

成品油罐

废白土

去调合泵房

LŌ 2701-120

原料油来自原料罐

去冷却水塔

CWR2725-100

PLS2705-100

PLS2709-100

PLS2710-100

PLS2711-100

F2705	T2706	E2708	P2710	V2711	E2713	V2715
加热炉	精馏塔	冷凝器	喷射泵	中间罐	套管冷却器	成品油罐

P2701A、B	E2702	V2703	P2704	P2707	V2709	P2712	M2714A、B
原料泵	换热器	混合搅拌罐	进炉泵	塔底泵	集油槽	过滤泵	白土过滤机

		比例		材料	
制图				数量	
设计		润滑油精制工段			
描图		管道及仪表流程图			
审核				共　张	第　张

班　级＿＿＿＿＿＿＿＿　　姓　名＿＿＿＿＿＿＿＿　　学　号＿＿＿＿＿＿＿＿

2-4-1　阅读工艺流程图并回答问题（续）

1. 看图中的设备，了解设备的名称、位号、数量，大致了解设备的用途。该工段共有_____台设备，自左到右分别为_____、

_____、_____、_____、_____、_____、_____、_____、_____、

_____、_____、_____、_____、_____。

2. 读流程图，了解主物料介质流向。

其主流程是，原料油与介质_____在设备_____内混合搅拌后，去圆炉加热。混合前，原料在设备_____内通过热量交换

进行预热。

对影响润滑油使用性能的轻质组分，在塔顶通过设备_____和设备_____抽入集油槽进行回收。

3. 看其他介质流程线，了解各种介质与主物料如何接触和分离。

白土与润滑油混合后，吸附了润滑油原料中的机械杂质、胶质、沥青等，再通过设备_____进行分离。

4. 精馏塔底吹入介质_____，携带轻质馏分到塔顶并进入冷凝器_____。循环冷却水来自_____，然后分_____路，其

中一路去设备_____进行喷淋，另一路经过设备_____后，去_____塔。

5. 在往复泵（如塔底泵等）出口，就地安装有_____仪表，在原料泵出口，就地安装有_____仪表。原料油与白土混合后，

进入加热炉，在该设备内部和出口，通过仪表_____测量并控制其参量。

6. 简述系统开停工时各泵的开关顺序。

　　　　班　级_____　　　姓　名_____　　　学　号_____

2-4-2　根据规定标记，查表注出下列零部件的尺寸

1. 椭圆封头　　DN1500×18—16MnR GB/T 25198—2023。

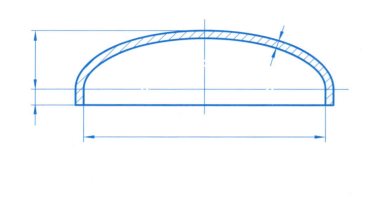

2. 补强圈　　DN50×10—16MnR NB/T 11025—2022。

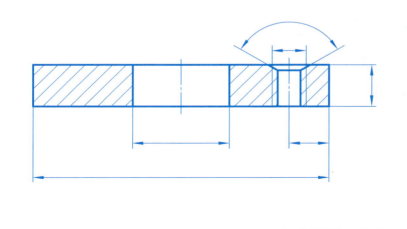

3. 法兰 DN—PN JB/T 81—2015。

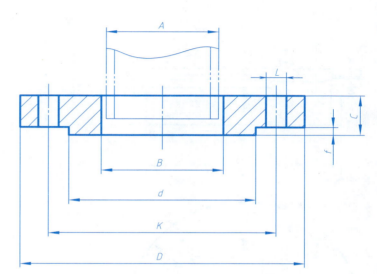

公称压力/MPa		1.6			
公称直径 DN	20	32	50	80	120
法兰尺寸 A					
B					
D					
K					
d					
C					
f					
L					

4. 人孔 *DN*500 HG/T 21515—2014。

5. NB/T 47065.1—2018，鞍座 BI 1300-F；

　　NB/T 47065.1—2018，鞍座 BI 1300-S。

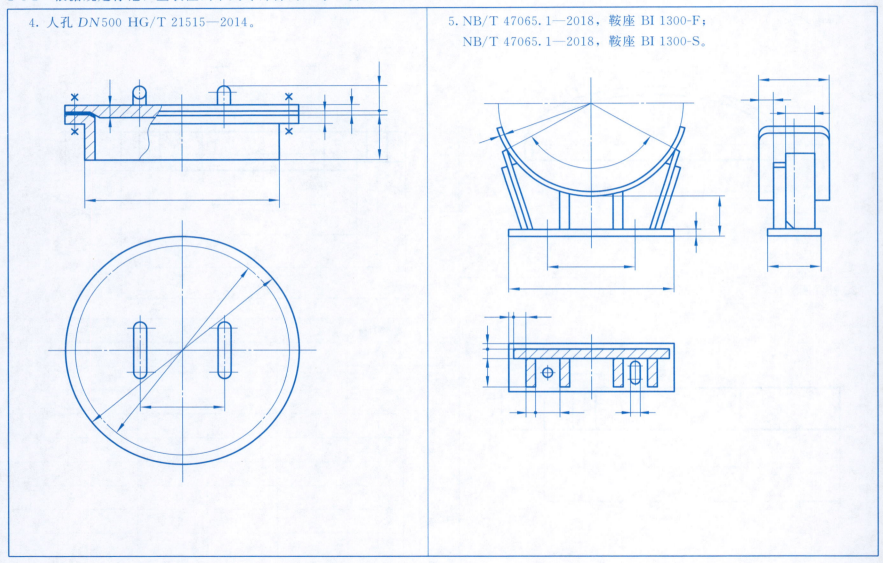

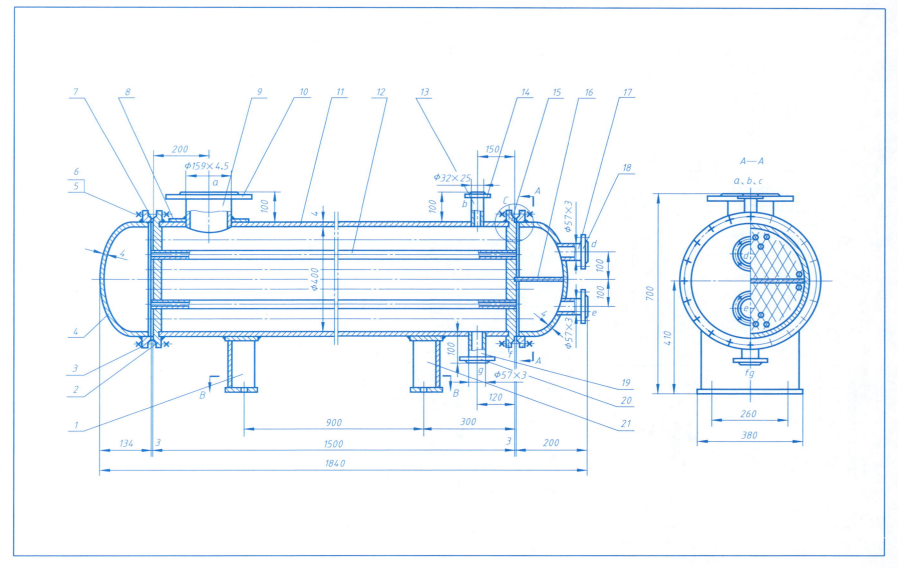

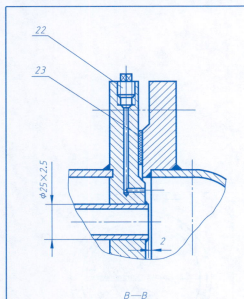

B—B

F型   900   S型

技术要求

1. 本设备按 GB/T 1147《钢制列管式换热器技术条件》和 JB/T 741《钢制焊接容器技术条件》进行制造、试验和验收。

2. 本设备全部采用电焊，焊条型号为 E4303。

3. 焊接接头式按 GB/T 985 规定，对接接头采用 V 型，T 型接头采用 ⌐ 型，法兰焊接按相应标准。

4. 设备制成后，管间以 0.2MPa 水压试验后，再以 0.1MPa 进行气密试验；管内以 0.45MPa 水压试验。

5. 设备外表面涂漆。

设备总质量：850kg

技术特性表

内容	管内	管间
工作压力/MPa	0.3	0.15
设计温度/℃	20	55
物料名称	水	料气
换热面积/m²	17	

管口表

符号	公称尺寸	连接尺寸、标准	连接面形式	用途或名称
a	150	JB/T 81—2015	平面	料气入口
b	30	JB/T 81—2015	平面	放空口
c		G1/4	螺纹	排气孔
d	50	JB/T 81—2015	平面	出水口
e	50	JB/T 81—2015	平面	进水口
f		G1/4	螺纹	放水口
g	50	JB/T 81—2015	平面	冷凝液出口

序号	代号	名称	数量	材料	备注
23	JB/T 4704	垫片　400-16	1	橡胶石棉板	
22		管堵　G1/4	2	Q235-A	
21	JB/T 4712	鞍座　B1 400-F	1	Q235-A·F	
20	JB/T 81	法兰　50-16	1	Q235-A	
19		接管　φ57×3	1	10	l=110
18	JB/T 81	法兰　50-1.6	2	Q235-A	
17		接管　φ57×3	2	10	l=120
16		隔板	1	Q235-A	l=6
15		管板	1	Q235-A	l=22
14	JB/T 81	法兰　25-1.6	1	Q235-A	
13		接管　φ32×2.5	1	10	l=110
12		管子　φ25×2.5	98	10	l=1510
11		筒体　DN400×4	1	Q235-A	H=1465
10	JB/T 81	法兰　150-1.6	1	Q235-A	
9		接管　φ159×4.5	1	10	l=120
8	JB/T 4736	补强度　dₓ150×4-C	1	Q235-A	
7	JB/T 4704	垫片　400-1.6	1	橡胶石棉板	
6	GB/T 41	螺母　M16	40		
5	GB/T 5780	螺栓　M16×60	40		
4	JB/T 4737	椭圆封头　DN400×4	2	Q235-A	
3	JB/T 4701	法兰　PN400-1.6	2	Q235-A	
2		管板	1	Q235-A	l=22
1	JB/T 4712	鞍座　B1 400-S	1	Q235-A·F	

				比例	材料
				1:10	
制图					质量
设计			冷凝器		
描图			F=17m²		
审核				共　张　第　张	

冷凝器工作原理

冷凝器是一种换热器，是进行热量交换的通用设备。在化工生产中，对流体加热或冷却以及液体气化或蒸汽冷凝等过程都需要进行热量交换。

它的工作原理是两种介质各自通过管内及管间进行热量交换。

固定管板式冷凝器是列管式换热器的一种。它主要由固定在管板上的管子、管板和壳体组成。这种换热器的结构比较简单、紧凑，便于清洗管内及更换管子，但是清洗管间比较困难，适用于壳程介质清洁，不易结垢，管内需清洗及温差较小的场合。

卧式换热器用鞍式支座固定在基础上。

1. 该设备名称为_____。图上零件编号共有_____种，属于标准化零部件有_____种，接管口有_____个。

2. 设备管间工作压力为_____，管内工作压力为_____，管间的设计温度为_____，管内的设计温度为_____，换热面积为_____。

3. 装配图采用了_____个基本视图。一个是_____视图，另一个是_____视图。主视图采用的是_____的表达方法，另一个采用的是_____的表达方法。

4. B—B 剖视表达了_____型和_____型鞍式支座，两个支座的结构不同，为什么？

5. 该冷凝器共有_____根换热管，管子的长度为_____，壁厚为_____。管内走_____，管外（壳程）走_____。试在图中用铅笔画出两种流体的走向。

6. 冷凝器的外径为_____，内径为_____，该设备总长为_____，总高为_____。

7. 换热管与管板连接方式为_____，封头与筒体用_____连接。

8. 试解释"法兰 25-1.6"（件 14）的含义。

法兰：_____

25：_____

1.6：_____

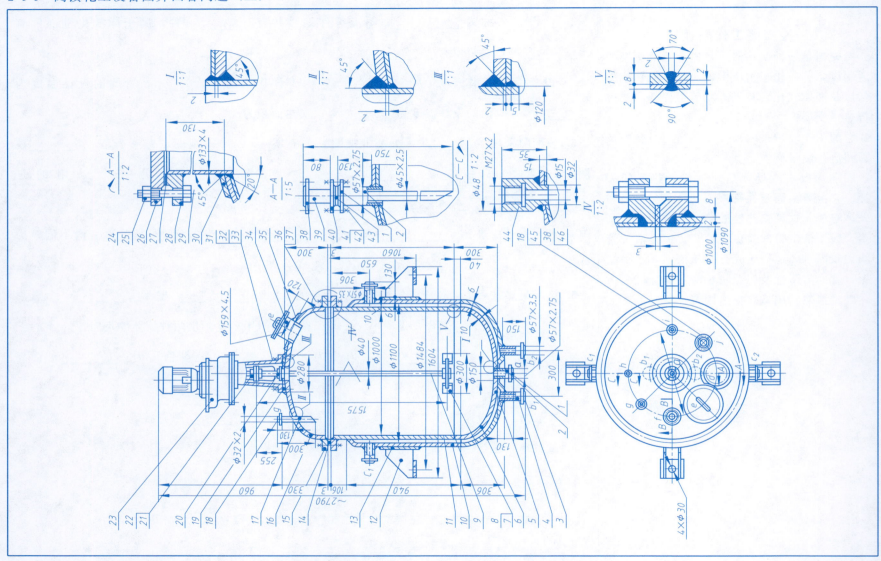

技术要求

1. 本设备的壳体用不锈钢复合钢板制造，复层材料为1Cr18Ni9Ti，其厚度为2mm。
2. 焊接结构除有图示以外，其他按GB/T 985—1980的规定。对接接头采用V形，T型接头采用⊏型。法兰接接头按相应标准。
3. 焊条的选用：碳钢与碳钢焊接采用E4303焊条；不锈钢与不锈钢焊接采用E1-23-13-16焊条。碳钢与不锈钢焊接，不锈钢与碳钢焊接采用E1-23-13-16焊条。
4. 壳体与夹套的焊缝应作超声波探伤和X光检验。夹套内应作0.5MPa水压试验。共焊缝质量应符合有关规定。
5. 设备组装后应试运转。搅拌轴转动应轻便自如。不应有不正常的噪声和较大的振动等不良现象。搅拌轴下端的径向摆动量不大于0.75。
6. 金属复层表面应作酸洗钝化处理。壳体木作保冷层，并用80mm厚软木保冷层。壳体外表面涂铁红色酚醛底漆。
7. 安装所用的地脚螺栓直径为M24。

技术特性表

内容	釜内	夹套内
工作压力/MPa	常压	0.3
工作温度/℃	40	-15
传热面积/m²	4	
容积/m³	1	
电动机型号及功率	J02-31-4　2.2kW	
搅拌轴转速 r/min	200	
物料名称	酸、碱溶液	冷冻盐水

管口表

符号	公称尺寸	连接尺寸、标准	连接面形式	用途或名称
a	50	JB/T 81—2015	平面	出料口
b_{1-2}	50	JB/T 81—2015	平面	盐水进口
c_{1-2}	50	JB/T 81—2015	平面	盐水出口
d	125	HG/T 21528—2014		检测口
e	150	JB/T 81—2015	平面	手孔
f	50	JB/T 81—2015	平面	酸液进口
g	25	JB/T 81—2015	平面	碱液进口
h		M27×2	螺纹	温度计口
i	25	JB/T 81—2015	平面	放空口
j	40	JB/T 81—2015	平面	备用口

材料明细表

设备总质量：1100kg

序号	图号或标准号	名称	数量	材料	备注
4.6		接管φ40×2.5	1	1Cr18Ni9Ti	l=145
4.5		接管φ32×2	1	1Cr18Ni9Ti	l=145
4.4	JB/T 87	接口M27×2	1	1Cr18Ni9Ti	
4.3	JB/T 41	垫片50-25	8	石棉橡胶板	
4.2	GB/T 41	螺母M12	8	1Cr18Ni9Ti	
4.1	GB/T 5780	螺栓M12×45	8	1Cr18Ni9Ti	
4.0	JB/T 86.1	法兰盖50-25	1	1Cr18Ni9Ti	钻孔φ46
39		接管φ45×2.5	2	1Cr18Ni9Ti	l=750
38	JB/T 81	法兰40-25	36	1Cr18Ni9Ti	
37	GB/T 5780	螺母M20	36	Q235-A	
36	JB/T 4736	补强圈d_N15×8	1	1Cr18Ni9Ti	
35	JB/T 589	手孔 A PN1 DN150	1		
34	GB/T 93	垫圈12	6		
33	GB/T 41	螺母M12	6		
32	GB/T 41	螺栓M12	6		
31	GB/T 898	补强圈d_N125×8-C	6	Q235-A	l=14.5
30	JB/T 4736	接管φ133×4	1	1Cr18Ni9Ti	
29	JB/T 81	法兰125-25	1	Q235-A	
28	JB/T 87	垫片125-25	1	石棉橡胶板	
27	JB/T 86.1	法兰盖125-25	1	1Cr18Ni9Ti	
26	GB/T 5780	螺母M16	8		
25	GB/T 5780	螺栓M16×65	8		
24		减速机 LJC-250-23	1		
23	GB/T 1096	键10×50	1		
22	GB/T 812	螺母M24×1.5	1	Q235-A	
21	HG/T 5019	填料箱DN40	1	1Cr18Ni9Ti	
20		底座	1	Q235-A	
19	JB/T 81	法兰25-25	2	1Cr18Ni9Ti	
18		接管φ32×2	1	1Cr18Ni9Ti	
16	JB/T 4737	椭圆封头 DN1000×10	1	1Cr18Ni9Ti	（里）
15	JB/T 4702	法兰C-PⅢ 1000-2.5	2		
14	JB/T 4704	垫片1000-2.5	1	石棉橡胶板	t=10
13	JB/T 81	垫板280-180	4	Q235-A·F	
12	JB/T 4725	耳座A3	4	Q235-A·F	
11		釜体DN1000×10	1	Q235-A	
10		夹套DN1000×10	1	1Cr18Ni9Ti	（外）
9		轴φ40	1	Q235-A	l=970
8	GB/T 1096	键12×4.5	1	Q235-A	
7	HG/T 5-221	搅拌器300-40	1	1Cr18Ni9Ti	
6	JB/T 4737	椭圆封头 DN1000×10	1	1Cr18Ni9Ti	（里）
5	JB/T 4737	椭圆封头 DN1000×10	1	1Cr18Ni9Ti	（里）
4		接管φ57×2.5	4	10	l=135
3	JB/T 81	法兰50-25	4	Q235-A	
2		接管φ57×2.75	2	1Cr18Ni9Ti	l=14.5
1	JB/T 81	法兰50-25	2	1Cr18Ni9Ti	
序号	图号或标准号	名称	数量	材料	备注

制图				反应釜		
设计				DN1000	比例	质量 材料
描图				$V_N=1m^3$	1:10	S55-3-31
审核						共1张 第1张

（设计单位）

反应釜工作原理

反应釜是化工厂常用的典型设备之一，一般由釜体、传动装置和密封结构等部分组成。

釜体部分作为物料反应的空间，酸液和碱液由加料管 f、g 分别加入釜内，经搅拌器搅拌和夹套内的冷冻盐水进行冷却（由工艺条件确定），经过一定时间达到反应要求后，生成物由接管 a 放出。

反应釜由焊在夹套上的耳式支座固定在基础上。

1. 本设备的名称是＿＿＿＿＿＿＿＿，其规格是＿＿＿＿＿＿＿＿。

2. 图中零部件编号共有＿＿＿＿＿＿＿＿种，其中标准化零部件有＿＿＿＿＿＿＿＿种，接管口有＿＿＿＿＿＿＿＿个。

3. 图样采用了＿＿＿＿＿＿＿＿个基本视图。一个是＿＿＿＿＿＿＿＿图，采用了＿＿＿＿＿＿＿＿的表达方法；另一个是＿＿＿＿＿＿＿＿图，采用了＿＿＿＿＿＿＿＿的表达方法。

4. 图样采用了＿＿＿＿＿＿＿＿个局部放大图。其中Ⅴ号放大图主要表示＿＿＿＿＿＿＿＿与＿＿＿＿＿＿＿＿的焊接结构及尺寸。

5. 罐体与上部封头通过＿＿＿＿＿＿＿＿连接，夹套与封头之间的连接形式为＿＿＿＿＿＿＿＿。

6. 该釜采用四个＿＿＿＿＿＿＿＿式支座，支座的垫板与夹套采取＿＿＿＿＿＿＿＿接的方式固定。

7. 酸液自接管＿＿＿＿＿＿＿＿进入罐内，碱液自接管＿＿＿＿＿＿＿＿进入罐内，中和后的溶液从接管＿＿＿＿＿＿＿＿排出。为提高反应速度和效果，搅拌器以＿＿＿＿＿＿＿＿的速度对物料进行搅拌。

8. 罐体内表面采用覆层材料，其目的一是＿＿＿＿＿＿＿＿，二是＿＿＿＿＿＿＿＿。

9. 反应釜的总高为＿＿＿＿＿＿＿＿，总长为＿＿＿＿＿＿＿＿。$\phi 1484$ 属于＿＿＿＿＿＿＿＿尺寸，$\phi 1000$ 属于＿＿＿＿＿＿＿＿尺寸，650 属于＿＿＿＿＿＿＿＿尺寸。

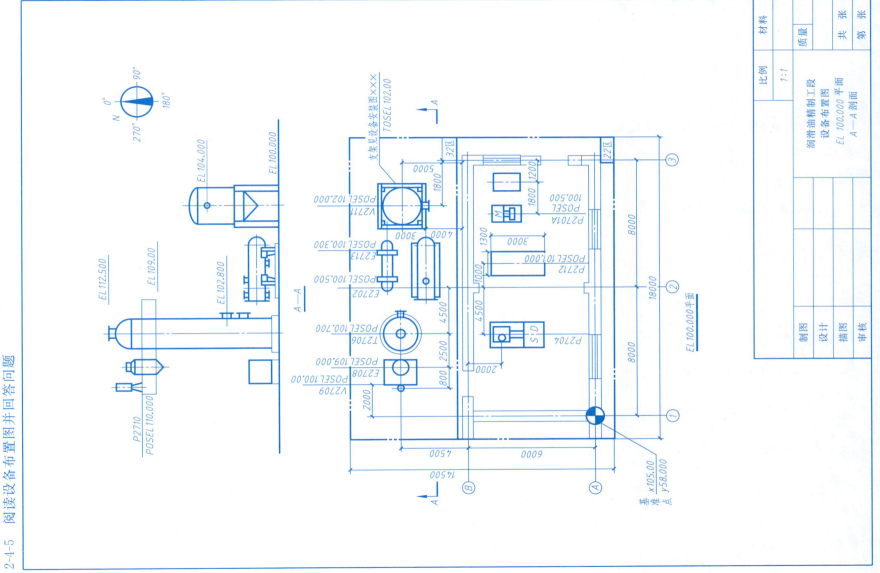

2-4-5 阅读设备布置图并回答问题

班 级＿＿＿＿＿＿＿＿ 姓 名＿＿＿＿＿＿＿＿ 学 号＿＿＿＿＿＿＿＿ **103**

2-4-5 阅读设备布置图并回答问题（续）

1. 阅读标题栏可知，该图为 _____ 设备布置图，共有 _____ 个视图，其中一个是 _____，另一个是 _____。

2. 了解建筑物的结构、尺寸及定位。该厂房的定位轴线是 _____ 和 _____，其纵向轴线间距为 _____ m，横向间距为 _____ m，该厂房的地面标高是 _____ m。

3. 了解设备布置的情况。图中共有 _____ 台设备。对照润滑油精制工段管道及仪表流程图可知，厂房内安装了 _____ 台动设备，依次为 _____ 、 _____ 、 _____ 、 _____ ；厂房外布置了 _____ 台静设备，分别为 _____ 、 _____ 、 _____ 、 _____ 、 _____ 、 _____ 。

4. 看平面图和剖面图。精馏塔（T2706）的支承点标高是 _____ m，横向定位尺寸为 _____ m，纵向定位尺寸为 _____ m，换热器（E2702）支承点的标高为 _____ m。蒸汽往复泵（P2704、P2712）的基础尺寸为 _____ m，两泵轴向间距为 _____ m。精馏塔下部的原料入口标高为 _____ m，中间罐入口标高为 _____ m。

5. 图中右上角的标志是 _____，目的是 _____ 。

班 级 _____   姓 名 _____   学 号 _____

N 0° 90° 180° 270°

PLS 2710-100
EL104.000

EL100.000

EL99.000

立面图

PLS 2709-100
EL103.000

LO2705-80
EL105.000

去白土混合罐

V2711
POSEL102.000

1800

5000

8000

4000

32区

PL S2711
EL 100.200

PL S2710
EL 100.200

EL 100.000 平面

E2702
POSEL 100.500

LO2704-80
EL 100.200

LRS-2011

来自原料泵
来自塔底泵
去过滤泵

B

2

	材料		
	质量		
		共　张	
		第　张	
比例	1:1		
	润滑油精制工段		
	管道布置图		
	EL 100.000 平面		
	立面图		
制图			
设计			
描图			
审核			

2-4-6 阅读管道布置图并回答问题（续）

1. 阅读标题栏可知，该图为_____管路布置图，共有个_____视图，其中一个是_____，另一个是_____。

2. 了解建筑物的结构、尺寸。建筑轴线②确定设备_____容器法兰面的位置，设备中心距纵向定位轴线为_____m。

3. 了解管道情况。

管道分为三个部分，润滑油原料管道来自_____，从换热器的_____部位进入，从换热器_____部位出来。塔底白土与润滑油混合物料从_____来，进入换热器_____，再从换热器_____出来，然后去设备_____。

设备 E2702 的管口均为_____连接，设备壳程出口编号为_____，其管道由出口开始，先向前，然后向_____进入管沟，在管沟里向_____，再向上出管沟，拐向_____，从设备 V2711 顶部进入，其管口标高为_____m。了解各段管道上阀门安装情况。

简述温度仪表的安装情况。

班 级_____   姓 名_____   学 号_____

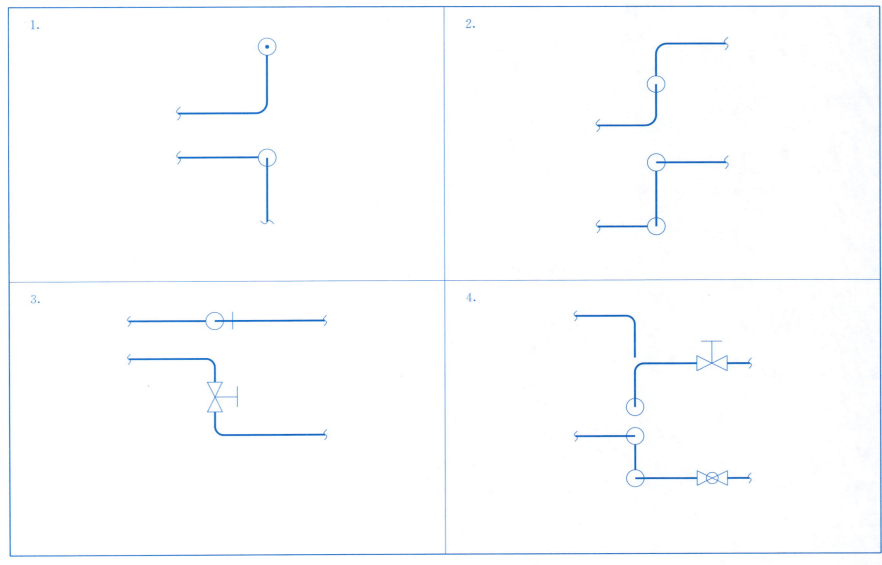

1.

2.

3.

4.

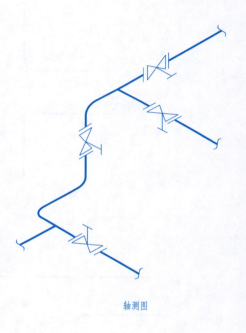

轴测图

班 级_____ 姓 名_____ 学 号_____

参 考 文 献

[1]　钱可强. 机械制图习题集. 6 版. 北京：高等教育出版社，2022.

[2]　胡建生. 化工制图习题集. 6 版. 北京：化学工业出版社，2024.

[3]　刘力. 机械制图习题集. 5 版. 北京：高等教育出版社，2020.

[4]　王成华. 化工制图习题集. 2 版. 北京：化学工业出版社，2016.

[5]　陈淑玲. 化工识图习题集. 北京：化学工业出版社，2020.

[6]　易慧君. 机械制图习题集. 2 版. 上海：上海科学技术出版社，2015.

[7]　黄林冲. 工程制图习题集. 广州：中山大学出版社，2022.